全国高等院校土木与建筑专业十二五创新规划教材

水力学简明教程

孙海霞　主　编

李明飞　于　贺　副主编

清华大学出版社

北　京

内 容 简 介

本书是高等本科学校土木工程专业"水力学"课程教学用书。书中结合大土木环境下，新的教学内容增多、总学时却严重缩减的特点，精选最优化的教学内容，理论联系实际，包括丰富案例。全书共 8 章，内容包括：绪论，水静力学，水动力学基础，水流形态与水头损失，孔口、管嘴出流和有压管流，明渠流动，堰流，渗流等。

本书主要作为高等院校土建类的道路、桥梁、隧道与地下工程、工业与民用建筑、铁道、市政工程等各专业的教材，也可作为水利等专业的参考教材，同时可供相关专业工程技术人员参考使用。

图书在版编目(CIP)数据

水力学简明教程/孙海霞主编. --北京：清华大学出版社，2015
(全国高等院校土木与建筑专业十二五创新规划教材)
ISBN 978-7-302-38072-6

Ⅰ. ①水… Ⅱ. ①孙… Ⅲ. ①水力学—高等学校—教材 Ⅳ. ①TV13

中国版本图书馆 CIP 数据核字(2014)第 221114 号

责任编辑：张丽娜
装帧设计：刘孝琼
责任校对：周剑云
责任印制：沈　露

出版发行：清华大学出版社
　　　　网　　　址：http://www.tup.com.cn, http://www.wqbook.com
　　　　地　　　址：北京清华大学学研大厦 A 座　　　邮　　编：100084
　　　　社 总 机：010-62770175　　　邮　　购：010-62786544
　　　　投稿与读者服务：010-62776969，c-service@tup.tsinghua.edu.cn
　　　　质 量 反 馈：010-62772015，zhiliang@tup.tsinghua.edu.cn
　　　　课 件 下 载：http://www.tup.com.cn,010-62791865

印 装 者：三河市金元印装有限公司
经　　销：全国新华书店
开　　本：185mm×260mm　　　印　　张：13.75　　　字　　数：330 千字
版　　次：2015 年 1 月第 1 版　　　印　　次：2015 年 1 月第 1 次印刷
印　　数：1～2000
定　　价：29.00 元

产品编号：056151-01

前　言

　　国家土木建设事业的发展为土木工程专业提供了广阔的发展空间，对土木工程专业人才的培养提出了新的要求。同时，土木工程的专业教育也转向为厚基础、宽口径的大土木模式。为解决学时少和教学内容多的矛盾，满足"大土木"的教学要求，编者编写了本书，突出短学时特点，深入浅出地介绍了水力学的基本概念、基本原理及其在工程中的应用。

　　为了便于学生课后的复习和自学，在每章的书后编写了一定量的思考题供学生独立思考，以加深对所学基本概念的理解。本书的编写目的是帮助在校学生和工程技术人员加深对水力学基本内容的理解，并进一步熟练解决工程计算技能方面所遇到的问题。

　　全书共 8 章。第 1～3 章由于贺编写；第 4～6 章由孙海霞编写；第 7 章由栾宇编写；第 8 章由李明飞编写。全书由于贺和孙海霞统稿。

　　由于编者水平有限，书中疏漏在所难免，敬请批评指正。

编　者

目　　录

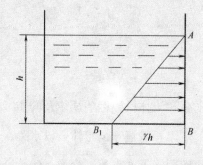

第 1 章
绪　　论

本章要点

- 连续介质和理想流体的概念。
- 流体的基本特征和主要物理性质，特别是流体的黏滞性和牛顿内摩擦定律及其应用条件。
- 作用在流体上的两种力。

技能目标

- 明确水力学课程的性质和任务。
- 了解流体的基本特征，理解连续介质和理想流体的概念和在水力学研究中的作用。
- 理解流体几个主要物理性质的特征和度量方法，重点掌握流体的重力特性、惯性、黏滞性，包括牛顿内摩擦定律及其适用条件；了解什么情况下需要考虑流体的可压缩性和表面张力特性。
- 了解质量力、表面力的定义，理解单位面积表面力(压强、切应力)和单位质量力的物理意义。

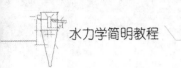

1.1 水力学的研究内容

【学习目标】明确水力学课程的性质和任务。

1.1.1 水力学的定义和任务

流体力学是力学的一个独立分支，是一门研究流体的平衡和流体机械运动规律及其实际应用的技术科学。其主要基础是牛顿运动定律、质量守恒定律和能量守恒定律。以水为研究对象，又侧重于应用的，称为水力学。水力学被广泛地应用于土木工程、交通运输、水利、环境工程等领域。

水力学的基本任务包括 3 个方面：一是研究液体宏观机械运动的基本规律(包括静止状态)；二是研究产生上述宏观机械运动的原因；三是研究液体与建筑物之间的相互作用。

1.1.2 水力学的发展概况

几千年来，水力学是人们长期在与水患做斗争发展生产的过程中形成和发展起来的。相传 4000 多年前，大禹治水时采用填堵筑堤、疏通导引的方法，治理了黄河和长江。春秋战国末期，秦国蜀郡太守李冰在岷江中游修建了都江堰这一闻名世界的防洪灌溉工程，消除了岷江水患，灌溉了大片土地，使成都平原成为沃野，2000 年来一直造福于人类。都江堰工程采取中流做堰的方法，把岷江水分为内江和外江，内江供灌溉，外江供分洪，这就控制了岷江急流，免除了水灾，灌溉了 300 多万亩农田，这说明当时对堰流理论已有一定的认识。秦始皇帝元年，韩国水工郑国主持兴建郑国渠，这是古代关中地区的大型引泾灌区，是近代陕西泾惠渠的前身。大约与此同时，罗马人建成了大规模的供水管道系统。此为古代水力学发展阶段。

公元前 250 年诞生了水力学最早的理论，希腊哲学家阿基米德(Archimedes)在《论浮体》一书中首先提出了论述液体平衡规律的定律，以此为标志流体力学进入了以纯理论分析为基础的古典流体力学阶段。阿基米德确立了静力学和流体静力学的基本原理，他给出许多求几何图形重心的方法，证明了浮力原理(后称阿基米德原理)；还给出正抛物旋转体浮在液体中平衡稳定的判据等。在水文和水力学理论方面，达·芬奇(Leonardo da Vinci)最先对漩涡的流速分布、突然扩大断面和尾流漩涡、波浪传播和水跃等进行了探讨和描述，成就远超前人。他又提出水的连续定律，认识到明渠流的边界阻力，还首先提出关于流线型物体、降落伞、风速表、离心泵等设想。达·芬奇在水力方面的著作有《水的运动与测量》。斯蒂文(S.Stevin)发表了《水静力学》，把研究固体的方法用于静止液体中。帕斯卡(B.Pascal)在 1653 年提出液体能传递压力的定律，即帕斯卡定律，并利用这一原理制成水压机。国际单位制中压力单位帕(Pa)以其姓氏命名。1643 年托里拆利(E.Torricelli)提出了托里拆利公式。他还求得高次抛物线、摆线等曲线下的面积计算公式，对于微积分的出现起了先导作用。1686 年牛顿(I. Newton)提出了关于液体内摩擦的假定和黏滞性的概念，建立了液体的内摩擦定律。1738 年伯努利(D.Bernoulli)建立了理想液体运动的能量方程——伯努利方程。1775 年欧拉(L.Euler)建立了理想液体的运动方程——欧拉运动微分方程。1843—1845 年纳维(L.M.H.Navier)和斯托克斯(G.G.Stokes)建立了实际液体的运动方程——纳维-斯托克斯方程，奠定了古典流体力学的理论基础，使它成为力学的一个分支。但古典流体力学采用数学分析方法，虽然在理论上比较严密，但数学上求解困难或某些假设不能符合实际，尚难求解大部分实际问题。斯托克斯于 1851 年提出球体在黏性流体中做较慢运动时受到阻力的计算公式，指明阻力与流速和黏滞系数成比例，这是关于阻力的斯托克斯公式。1852—1855 年达西(H.Darcy)建立了砂土渗流基本定律。

到 19 世纪末，虽然用分析法的流体动力学取得很大进展，但不能起到促进生产的作用。与流体动力学平行发展的是水力学(见液体动力学)。这是为了满足生产和工程上的需要，从大量实验中总结出一些经验公式来表达流动参量之间关系的经验科学。使上述两种途径得到统一的是边界层理论。边界层理论是由德国普朗特(L.Prandtl)在 1904 年创立的。1883 年雷诺(O.Reynolds)通过试验发现了液流的两种流态，即层流和紊流。1894 年他又提出了紊流的基本方程——雷诺方程。

20 世纪以来，随着科技的不断进步，根据不同的研究领域的实际需要，水力学得到了空前的发展，并且与其他学科相互渗透，形成了一些新的分支学科，如计算流体力学、环境水力学、生态水力学和化学流体力学等。水力学已经越来越广泛地应用到国民生产和生

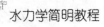

活中。下面为大家介绍一些水力学原理在生产和生活中的应用。

(1) 图 1-1 所示的虹吸现象在离心式水泵、虹吸式抽水马桶等许多方面得到了应用。

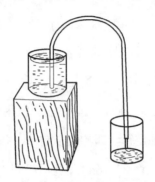

图 1-1 虹吸现象

(2) 在工程中，需要计算泄洪闸门所受的静水作用力和动水作用力大小，它是确定闸门厚度和闸门提升力的依据，如图 1-2 所示。

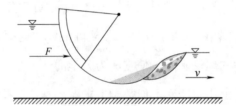

图 1-2 泄洪闸门作用力

(3) 在多雨季节，江河湖泊水量剧增，经常需要通过闸孔泄洪来保证其上游安全水位，防止洪涝灾害的形成，因此闸孔的过水能力是闸孔泄洪的一个重要依据，如图 1-3 所示。

图 1-3 闸孔泄洪

(4) 在水利枢纽工程中，既要考虑泥沙的淤积，又要考虑冲刷问题。这些水力现象与河流流态关系密切，如图 1-4 所示。

图 1-4 水利枢纽工程

(5) 如图 1-5 所示，农村小型自来水厂在设计和施工时要重点分析其能量损失情况，以便利用有效能量，减少其损失，达到更高的经济效益。

图 1-5 自来水厂

(6) 如图 1-6 所示，大坝泄洪时，应根据需要加大能量损失，消除多余能量，防止水流冲刷河床、危及建筑物的安全。

(7) 世界上最大的人造连通器——三峡船闸。我国长江三峡是举世瞩目的跨世纪工程，三峡大坝建成后，大坝上、下游水位落差为 113m，巨大的落差有利于产生可观的电力，但也带来了航运问题。怎样让船降落(上升)一百多米？解决这个问题的途径是修建船闸。三峡船闸总长 1621m，船只在船闸中经过 5 个闸室，使船体逐次降低(上升)。图 1-7 描述了一艘轮船由上游通过船闸驶向下游的情况。

图 1-6　大坝泄洪

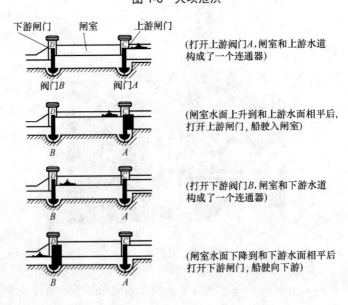

图 1-7　轮船由上游通过船闸驶向下游的情况

（8）抽水机也叫水泵，是工程中常用的加压设备，用于把水从低处吸到一定高度。这是利用了真空原理。图 1-8 所示为活塞式水泵和离心式水泵的工作图。你能对照图 1-8 说出它们的工作过程吗？

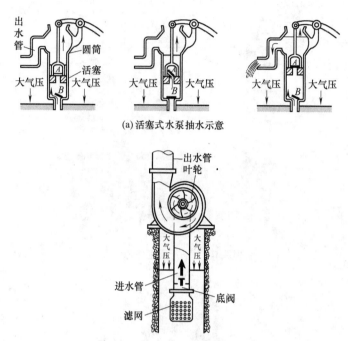

(a) 活塞式水泵抽水示意

(b) 离心式水泵 (叶轮高速旋转时泵壳中的水被甩出，水流向上进入泵壳)

图 1-8　活塞式水泵和离心式水泵的工作图

（9）液压起重机的原理。今天，只要在停车场或者加油站，就可以看到液压起重机，利用它只要使出一个孩子的力气就能将一辆汽车抬起来。让我们看看这种器械是如何工作的，并设法自己制作一个器械以供实验之用。

如图 1-9 和图 1-10 所示，用一根管将两个充满了油的容器连起来。其中一个容器截面很大，另一个容器截面则很小，假设它是前一个截面的 1/1000。如果用一个活塞 A 向下压截面小的容器液面，液体就受到一个压力，这个压力的强度会按照原来的大小传递到液体表面的任何其他部分，当然也包括在大截面容器里与活塞 B 接触的液体表面。压强等于作用力除以作用面积。

根据静压传递的原理，活塞 A 下的压强与活塞 B 下的压强相等，又由于活塞 B 下的面积比活塞 A 下的面积大 1000 倍，则在活塞 B 上面的作用力就应比在活塞 A 上面的作用力也

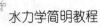
大 1000 倍。因此，为了将一辆 1t 重的汽车抬起来，只要 1kg 的作用力就够了。液压制动器、压缩机、汽车的千斤顶、水泵等许多器械都得益于这一原理。

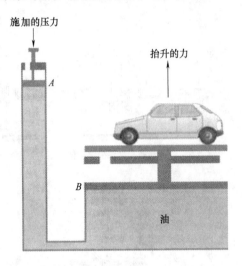

图 1-9　千斤顶工作原理

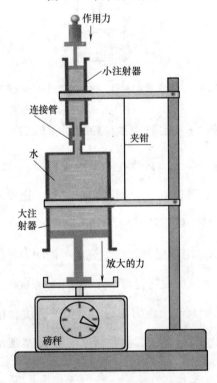

图 1-10　静压传递原理

1.2　液体的连续介质模型

【学习目标】 理解连续介质和理想流体的概念。

液体由大量做随机运动的分子组成。从微观角度看，分子之间存在空隙，流体物理量的分布在空间和时间上都是不连续的。如果以流体分子为对象来研究流动，则问题的复杂性大为增加，任何一个物理参数都在急剧的变化中。现代物理学指出，常温下，$1cm^3$ 水中，约含 3×10^{22} 个分子，相邻分子间距约 $3\times10^{-8}cm$。可见，分子间距相当微小，在很小体积中，包含难以计数的分子。水力学中，把液体当作连续介质，假设液体是一种连续充满其所占据空间的连续体。 水力学所研究的液体是连续介质的连续流动。连续介质的概念由瑞士学者欧拉于 1753 年首先建立，这一假定在流体力学发展上起到了巨大作用。如果液体视为连续介质，则液体中一切物理量(如速度、压强和密度等)可视为空间(液体所占据空间)坐标和时间的连续函数。研究液体运动时，可利用连续函数分析方法。在连续介质中质点是最小的物质单元，其概念是：每个质点包含足够的分子并保持着宏观运动的一切特性，但其体积与研究范围相比又非常小，以至可以认为它是流体空间中的一个点。质点就是一个"宏观小、微观大"的液体单元。

实践表明，连续介质假说在绝大多数工程实际中具有足够精度，能够满足要求。而对于一些特殊问题，如水流掺气、空化水流等连续介质模型是不适用的。本书的水力学研究是建立在连续介质假说基础之上的。

研究中经常会把液体假设为理想液体。理想液体就是指把液体看成是绝对不可压缩、不能膨胀、没有黏滞性、没有表面张力的连续介质。

1.3　液体的基本物理性质

【学习目标】 理解液体几个主要物理性质的特征和度量方法，重点掌握液体的重力特性、惯性、黏滞性，包括牛顿内摩擦定律及其适用条件。

物质通常有 3 种存在形态：固体、液体和气体，后两者合称为流体。从宏观角度来说，流体和固体的主要区别在变形方面。固体能保持固定的形状和体积，而液体在静止状态下只能承受压力，不能承受拉力和切力。液体和气体的主要区别在于压缩性(膨胀性)。液体的压缩性极小，而气体的压缩性和膨胀性要大得多。

1.3.1 惯性、质量和密度

物体具有保持原有运动状态的物理性质，叫作惯性。质量是物体惯性的度量，质量越大，惯性越大。液体单位体积所具有的质量为密度，用 ρ 表示，其国际单位为千克/立方米(kg/m^3)。对于均质液体，假设其质量为 m，体积为 V，则其密度表达式为

$$\rho = \frac{m}{V} \tag{1-1}$$

对于非均质液体，由连续介质假设可将其密度表达式写为

$$\rho = \lim_{\Delta V \to 0} \frac{\Delta m}{\Delta V} \tag{1-2}$$

式中，Δm 为任意微元的液体质量；ΔV 为任意微元的液体体积。液体的密度随压强和温度而变化，但这种变化一般极微小，故液体的密度可视为常数。不同温度下水的各种物理性质见表 1-1。

表 1-1　不同温度下水的物理性质

温度 $T/\text{℃}$	密度 $\rho/(\text{kg/m}^3)$	重度 $\gamma/(\text{kN/m}^3)$	动力黏度 $\mu/(10^{-3}\text{Ns/m}^2)$	运动黏度 $\upsilon/(10^{-6}\text{ m}^2/\text{s})$	体积模量 $k/(10^9\text{N/m}^2)$	表面张力系数 $\sigma/(\text{N/m})$
0	999.9	9.805	1.781	1.785	2.02	0.0756
5	1000.0	9.807	1.518	1.519	2.06	0.0749
10	999.7	9.804	1.307	1.306	2.10	0.0742
15	999.1	9.798	1.139	1.139	2.15	0.0735
20	998.2	9.789	1.002	1.003	2.18	0.0728
25	997.0	9.777	0.890	0.893	2.22	0.0720
30	995.7	9.764	0.798	0.800	2.25	0.0712
40	992.2	9.730	0.653	0.658	2.28	0.0696
50	988.0	9.689	0.547	0.553	2.29	0.0679
60	983.2	9.642	0.466	0.474	2.28	0.0662
70	977.8	9.589	0.404	0.413	2.25	0.0644
80	971.8	9.530	0.354	0.364	2.20	0.0626

温度 T/℃	密度 ρ /(kg/m³)	重度 γ/(kN/m³)	动力黏度 μ/(10^{-3}Ns/m²)	运动黏度 υ/(10^{-6} m²/s)	体积模量 k/(10^{9}N/m²)	表面张力系数 σ/(N/m)
90	965.3	9.466	0.315	0.326	2.14	0.0608
100	958.4	9.399	0.282	0.294	2.07	0.0589

地球上的任何物体都要受到地心引力的作用，这个引力就是重力，用 G 来表示。如果设物体的质量为 m，重力加速度为 g，则重量可表示为

$$G = mg \tag{1-3}$$

重量的国际单位是 N。

单位体积液体的重量称为重度，也叫容重或重率，用 γ 来表示，即

$$\gamma = \frac{G}{V} = \frac{mg}{V} = \rho g \tag{1-4}$$

1.3.2 黏滞性和黏度系数

液体具有易流动性，一旦受到剪切力就会发生连续变形。在这一过程中，液体具有抵抗变形的能力，即液体的黏滞性。黏滞性是对流动状态下液体抵抗剪切变形速率能力的度量。牛顿在 1686 年提出并经后人大量试验验证的牛顿内摩擦定律，以液体的二元平行直线运动为例来分析黏性与抵抗剪切变形的力和液体剪切变形速率之间的关系(见图 1-11)。液体沿固体表面做二元平行直线运动时，流层间的内摩擦力(或称切力)F 的大小与液体的性质有关，并与横向流速梯度 du/dy 和接触面积 A 成正比，而与接触面上的压力无关。其表达式为

$$F = \mu A \frac{\mathrm{d}u}{\mathrm{d}y} \tag{1-5}$$

将式(1-5)两端同除以 A，可得出单位面积上的内摩擦力(或称为切应力)τ。

$$\tau = \mu \frac{\mathrm{d}u}{\mathrm{d}y} \tag{1-6}$$

式(1-5)和式(1-6)中的 μ 为比例系数，叫做黏度或黏滞系数，国际单位为 Pa·s，量纲为 $ML^{-1}T^{-1}$，是动力学的量纲，所以 μ 被称为动力黏度。黏度 μ 是黏滞性的度量，μ 值越大，黏滞性作用越强。不同液体的 μ 值各不相同，且随压强和温度的变化而发生改变。液体黏度的大小还可以用 υ 来表示。

$$v = \frac{\mu}{\rho} \qquad\qquad (1\text{-}7)$$

式中，μ 为液体黏度；ρ 为液体密度。所以 v 的量纲为 $L^{-2}T^{-1}$，国际单位为 m^2/s。由其量纲可以看出 v 是一个运动学参量，所以 v 被称为运动黏度。不同温度时水的 μ 和 v 值见表 1-1。

应该指出，牛顿的内摩擦定律并不适用于所有的液体，而仅适用于如图 1-12 所示的一般流体 A。凡是符合牛顿内摩擦定律的流体称为牛顿流体，而不符合牛顿内摩擦定律的流体称为非牛顿流体。图 1-12 中，线 A 代表的是牛顿流体，如空气、水和酒精等；线 B 为宾汉塑性流体，如泥浆、血浆和牙膏等；线 C 为拟塑性流体，如橡胶、油漆和油画颜料等；线 D 为膨胀流体，如生面团和淀粉糊等。应用牛顿内摩擦定律解决问题时，应该注意其使用范围。

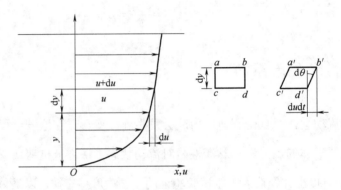

图 1-11　液体沿固体壁面做二元平行直线运动

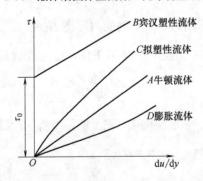

图 1-12　各种液体的切应力与切应变的关系

1.3.3　压缩性和表面张力

当液体承受压力后，体积会缩小，压力撤出后，液体能恢复原状，这种性质称为液体的弹性或压缩性。液体的压缩性大小用体积压缩系数 β 或体积模量 K 表示，β 是液体体积的相对压缩值 $\mathrm{d}V/V$ 与流体的压强增值 $\mathrm{d}p$ 之比，即

$$\beta = -\frac{\mathrm{d}V/V}{\mathrm{d}p} \tag{1-8}$$

β 的数值越大，液体越容易压缩。由于体积随压强的增大而减小，所以 $\mathrm{d}V/V$ 与 $\mathrm{d}p$ 的符号相反。液体的体积模量 K 是体积压缩系数 β 的倒数，K 值越大，液体越不容易压缩。

$$K = \frac{1}{\beta} = -\frac{\mathrm{d}p}{\mathrm{d}V/V} \tag{1-9}$$

K 的单位是 $\mathrm{N/m^2}$。不同温度时水的 K 值见表 1-1。

在液体内部，液体分子之间的作用力，即内聚力是相互平衡的。但是在液体与气体交界的自由面上内聚力不能平衡，表面张力是液体自由表面在分子作用半径一薄层内由于分子引力大于斥力而在表层沿表面方向产生的拉力。

液体表面张力的大小与它和何种物质组成交界面有关，它的方向是与自由液面相切的，所以表面张力的大小可以用液体表面上单位长度所受的张力来表示，也就是表面张力系数 σ，国际单位为 $\mathrm{N/m}$。不同温度下水表面张力系数值见表 1-1。

1.4　作用于液体的力

【学习目标】了解质量力、表面力的定义，理解单位面积表面力(压强、切应力)和单位质量力的物理意义。

流体不能承受集中力的作用，只能承受分布力。分布力按表现形式又可以分为质量力和表面力两类。

1.4.1　液体的质量力

质量力是作用于液体的每个质点上，与受作用的液体质量成正比的力。对于均质液体，质量力的大小与受作用液体的体积成正比，对于此种液体来说，质量力也叫体积力。又由于质量力不需要施力物体与液体相接触，所以说质量力是一种远程力。重力和惯性力都是一种质量力。

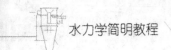

通常定义的质量力在质量密度 f，即单位质量流体所承受的质量力。假设液体为均质的，质量为 M，总质量力为 F，则有

$$f = \frac{F}{M} \tag{1-10}$$

设总质量力在空间坐标上的投影分别为 F_x、F_y、F_z，单位质量力 f 在相应坐标上的投影为 f_x、f_y、f_z，则

$$\left.\begin{array}{l} f_x = \dfrac{F_x}{M} \\[2mm] f_y = \dfrac{F_y}{M} \\[2mm] f_z = \dfrac{F_z}{M} \end{array}\right\} \tag{1-11}$$

单位质量力的量纲为 L/T^2。

1.4.2　液体的表面力

作用于液体表面，并与作用面的表面积成正比的力为表面力。表面力分布在液体表面上，是一种接触力。表面力可以分为垂直于作用面的压力和平行于作用面的切力。

定义表面力的面积密度，即单位面积上的液体所承受的表面力为应力。对应于表面力中的压力和切力，有表面力引起的压应力和切应力，其单位为 N/m^2，即 Pa。

本章小结

本章首先介绍了水力学的定义、研究内容和发展简史，使大家对水力学有一个初步的认识和明确的概念，知道水力学是一门研究什么问题的学科。接着介绍了液体的连续介质模型，这是接下来能够科学、系统地研究水力学问题的一个基本假说。最后介绍了液体的一些基本性质和作用在液体上的力，这是研究所有水力学问题的基础。此外，还介绍了水力学在人们日常生活和国民生产中的应用，让大家认识到学习水力学的必要性和重要性。

习题

1-1　已知酒精的密度为 0.8g/m^3，试用国际单位制表示其密度值，并求其相对密度和重度。

1-2　计算水温分别为 $t=4℃$、$8℃$、$12℃$、$16℃$、$24℃$ 时水的运动黏度 υ 值，并根据计算结果绘出 t-υ 关系曲线。

1-3　$10℃$、1m^3 的水，当温度升至 $50℃$ 时，其体积增加多少？

1-4　已知某水流的分布函数为 $\mu=\mu_\text{m}(y/H)^{3/4}$，式中的 H 为水深，μ_m 为液面流速，若距壁面距离为 y，计算 $y/H=0.3$ 和 0.6 处的流速梯度。

1-5　静止的液体所受到的单位质量力为多少？

1-6　已知液体中流速沿 y 方向分布如图 1-13 所示 3 种情况，试根据牛顿内摩擦定律 $\tau=\mu\dfrac{\text{d}u}{\text{d}y}$，定性绘出切应力沿 y 方向的分布图。

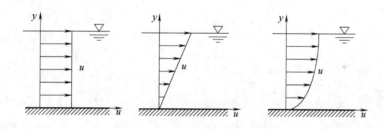

图 1-13　题 1-6 图

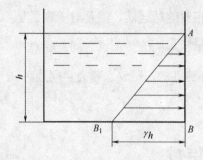

第 2 章

水静力学

本章要点

- 正确理解静水压强的两个重要的特性和等压面的性质。
- 掌握静水压强的基本公式和物理意义，会用基本公式进行静水压强计算。
- 掌握静水压强的单位和 3 种表示方法：绝对压强、相对压强和真空度；理解位置水头、压强水头和测管水头的物理意义和几何意义。
- 掌握静水压强的测量方法和计算。
- 会画静水压强分布图，并熟练应用图解法和解析法计算作用在平面上的静水总压力。

技能目标

- 静水压强的两个特性及有关基本概念。
- 重力作用下静水压强的基本公式和物理意义。
- 静水压强的表示和计算。
- 静水压强分布图和平面上的静水总压力的计算。
- 掌握曲面上静水总压力的计算。

水静力学是研究液体处于静止状态时的力学规律及其工程应用的学科。这里的"静止"是相对概念，是指液体处于一种平衡状态。

液体的平衡状态包括两种：一种是静止状态，即液体质点之间没有相对运动，液体相对地球也没有相对运动；另一种是相对平衡状态，即液体相对地球运动，但是对于容器是相对静止的，并且液体质量之间也是相对静止的。所以平衡状态的液体质点之间是相对静止的，也就不产生内摩擦力，水静力学问题中是不用考虑黏滞性的。研究水静力学问题时，理想液体和实际液体都是一样的，不用加以区分。

2.1 液体的静压强及特性

【学习目标】掌握液体静压强的两个特性及有关基本概念。

2.1.1 静水压力与静水压强

研究表明，当液体处于静止状态时，液体内部相互之间以及对于与之接触的固体壁面都有力的作用，该力为一种分布力，且垂直于作用面沿着法线方向作用。该力叫作静水压力，用字母 P 来表示，国际单位为牛顿(N)。如图 2-1 所示，在静止液体中，一作用面的面积为ΔA，其上压力为ΔP，当面积ΔA 的作用面趋近于一个点的时候，平均压力$\Delta P/\Delta A$ 的极限就是该点的静水压应力，也叫作静水压强，用符号 p 来表示，即

$$p = \lim_{\Delta A \to 0} \frac{\Delta P}{\Delta A} \tag{2-1}$$

压强 p 的单位为 N/m^2(Pa)。

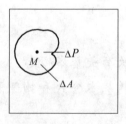

图 2-1　静水压强图示

2.1.2　静水压强的特性

静水压强有两个重要特性。

(1)　静水压强的方向与受压面垂直并指向受压面。

假设静水压强不与作用面垂直，那么作用面上的力一定可以分解为垂直于作用面的压力和平行于作用面的切力。根据液体压强的易流动性，该静止的液体一定会因为失去平衡而流动，所以平行于作用面的切力应该为零，液体才能处于静止状态。也就是说，作用面上只有压力作用，即静水压强的方向垂直指向作用面。

(2)　静止液体中任意一点静水压强的大小和受压面方向无关，其在各个方向的静水压强大小相等。

在静止水中任取一微小四面体，其 3 个棱边分别平行于 x、y、z 轴，长度分别为 $\mathrm{d}x$、$\mathrm{d}y$、$\mathrm{d}z$，3 个垂直于 x、y、z 轴的面积分别为 $\mathrm{d}A_x$、$\mathrm{d}A_y$、$\mathrm{d}A_z$，斜面积为 $\mathrm{d}A_n$，如图 2-2 所示。该微小四面体应该处于平衡状态，而作用在四面体上的力有面积力和质量力两种。

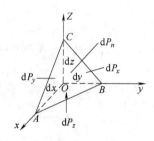

图 2-2　流体静压强特性分析

①　面积力。

因为四面体非常微小，所以可以认为各作用面上的静水压强是均匀分布的，分别表示为 p_x、p_y、p_z 和 p_n，则微小四面体的各面静水压力为

$$\left.\begin{aligned}
\mathrm{d}P_x &= p_x \mathrm{d}A_x = p_x \cdot \frac{1}{2}\mathrm{d}y\mathrm{d}z \\[4pt]
\mathrm{d}P_y &= p_y \mathrm{d}A_y = p_y \cdot \frac{1}{2}\mathrm{d}x\mathrm{d}z \\[4pt]
\mathrm{d}P_z &= p_z \mathrm{d}A_z = p_z \cdot \frac{1}{2}\mathrm{d}x\mathrm{d}y \\[4pt]
\mathrm{d}P_n &= p_n \mathrm{d}A_n
\end{aligned}\right\} \tag{2-2}$$

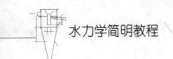

② 质量力。

该微小四面体的质量为 $\frac{1}{6}\rho\mathrm{d}x\mathrm{d}y\mathrm{d}z$，设单位质量力在 x、y、z 轴方向上的投影分别为 X、Y、Z，则质量力在各方向上的分量分别为 $\frac{1}{6}X\rho\mathrm{d}x\mathrm{d}y\mathrm{d}z$、$\frac{1}{6}Y\rho\mathrm{d}x\mathrm{d}y\mathrm{d}z$、$\frac{1}{6}Z\rho\mathrm{d}x\mathrm{d}y\mathrm{d}z$。 由于液体处于平衡状态，上述质量力和面积力在各坐标轴上的投影之和应分别等于零，即

$$\sum F_x = 0, \quad \sum F_y = 0, \quad \sum F_z = 0$$

以 x 轴方向为例，其平衡方程为

$$\sum F_x = p_x\mathrm{d}A_x - p_n\mathrm{d}A_n \cos(n,x) + \frac{1}{6}X\rho\mathrm{d}x\mathrm{d}y\mathrm{d}z = 0 \tag{2-3}$$

式中，$\cos(n,x)$ 为四面体中斜面法线方向与 x 轴的夹角余弦；$\mathrm{d}A_n \cos(n,x)$ 为斜面 $\mathrm{d}A_n$ 在 yOz 平面上的投影，即

$$\mathrm{d}A_n \cos(n,x) = \mathrm{d}A_x = \frac{1}{2}\mathrm{d}y\mathrm{d}z \tag{2-4}$$

将式(2-4)代入平衡方程式(2-3)，得

$$\sum F_x = p_x \frac{1}{2}\mathrm{d}y\mathrm{d}z - p_n \frac{1}{2}\mathrm{d}y\mathrm{d}z + \frac{1}{6}X\rho\mathrm{d}x\mathrm{d}y\mathrm{d}z = 0 \tag{2-5}$$

等式两边同除以 $\mathrm{d}y\mathrm{d}z$ 得

$$p_x - p_n + \frac{1}{3}X\rho\mathrm{d}x = 0 \tag{2-6}$$

当四面体无限缩小，趋近于 0 时，方程左端最后一项趋近于 0，得

$$p_x = p_n \tag{2-7}$$

同理可得 $p_y = p_n$、$p_z = p_n$，所以有

$$p_x = p_y = p_z = p_n \tag{2-8}$$

式(2-8)说明，在静止液体中，任一点静水压强的大小与作用面的方位无关，各个方向都是相等的。

2.2 液体的平衡微分方程

【学习目标】掌握液体的平衡微分方程。

2.2.1　液体平衡微分方程

为了研究静水压强的规律，首先研究液体在平衡状态下，质量力与面积力所满足的关系。

在平衡液体中取边长分别为 dx、dy 和 dz 的微小六面体，各边分别与坐标轴平行，如图 2-3 所示。微小六面体的质量为 d$m = \rho \mathrm{d}x\mathrm{d}y\mathrm{d}z$，设单位质量上的质量力在 x、y、z 方向上的分量为 X、Y、Z，令作用在六面体左边铅垂面 AD 的压强为 p，则压力为 $p\mathrm{d}y\mathrm{d}z$。

由 p 坐标的连续函数，即 $p = p(x,y,z)$，当坐标微小变化时，p 也变化，可用泰勒级数展开。以 x 方向为例，在 $A'D'$ 由于 x 坐标改变 dx，所以它的压强为 $p + \dfrac{\partial p}{\partial x}\mathrm{d}x$，压力为 $\left(p + \dfrac{\partial p}{\partial x}\mathrm{d}x \right)\mathrm{d}y\mathrm{d}z$。由 x 方向处于平衡状态，则有

$$p\mathrm{d}y\mathrm{d}x - \left(p + \frac{\partial p}{\partial x}\mathrm{d}x \right)\mathrm{d}y\mathrm{d}z + X\rho\mathrm{d}x\mathrm{d}y\mathrm{d}z = 0 \tag{2-9}$$

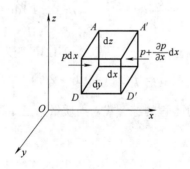

图 2-3　平衡液体中的微小六面体

方程两边同除以 $\rho\,\mathrm{d}x\mathrm{d}y\mathrm{d}z$，化简后可得

$$X - \frac{1}{\rho}\frac{\partial p}{\partial x} = 0 \tag{2-10}$$

同理可得 y、z 方向上的表达式，最终得到

$$X - \frac{1}{\rho}\frac{\partial p}{\partial x} = 0$$
$$Y - \frac{1}{\rho}\frac{\partial p}{\partial y} = 0$$
$$Z - \frac{1}{\rho}\frac{\partial p}{\partial z} = 0$$

(2-11)

式中，X、Y、Z 为单位质量力在 x、y、z 轴方向的分量；与之相等的分别是单位质量水所受的面积力在 x、y、z 轴方向上的分量。

式(2-11)即为液体的平衡微分方程，它是欧拉于 1755 年首先提出的，所以又叫欧拉液体的平衡微分方程。它反映了液体质量力与压强梯度力之间的关系。

2.2.2　压强分布公式与等压面

为求得液体的压强分布，需要对式(2-11)进行积分。首先将式(2-11)中的每个方程分别乘以 dx、dy 和 dz，并将 3 个方程相加，则有

$$\frac{\partial p}{\partial x}dx + \frac{\partial p}{\partial y}dy + \frac{\partial p}{\partial z}dz = \rho(Xdx + Ydy + Zdz)$$

(2-12)

式中，左端为压强 $p=p(x,y,z)$ 的全微分 dp，所以式(2-12)可变为

$$dp = \rho(Xdx + Ydy + Zdz)$$

(2-13)

式(2-13)叫作液体平衡微分方程的综合式，当质量力已知时，可以得到液体压强 p 的表达式。

同种连续静止液体中，静压强相等的点组成的面叫作等压面。在等压面上，压强 p 为一个常量，也就是其导数 dp 为 0，即

$$dp = \rho(Xdx + Ydy + Zdz) = 0$$

(2-14)

式(2-14)可简化为

$$Xdx + Ydy + Zdz = 0$$

(2-15)

式(2-15)表明，在等压面上，质量力做功为 0，且质量力与等压面正交。

2.3　水静力学基本方程

【学习目标】理解重力作用下静水压强的基本公式和物理意义；掌握静水压强的表示和计算。

2.3.1　重力作用下的水静力学基本方程

工程中最常见的问题就是液体相对于地球是静止状态的问题，也就是作用在液体上的质量力只有重力。下面针对这种液体平衡状况进行分析。

水在重力作用下处于静止状态，取一水平微小面积 $\mathrm{d}A$ 为底面、$\mathrm{d}z$ 为高的铅垂水柱体，如图 2-4 所示。自由液面的高度为 z_0，大气压强为 p，其下表面力为 $p\mathrm{d}A$，上表面力为 $(p+\mathrm{d}p)\mathrm{d}A$，作用在静止液体上的质量力只有沿 z 轴向下的重力$-\rho g\mathrm{d}A\mathrm{d}z$。由水柱在 z 方向的合外力为 0，有

$$p\mathrm{d}A - (p + \mathrm{d}p)\mathrm{d}A - \rho g\mathrm{d}A\mathrm{d}z = 0 \tag{2-16}$$

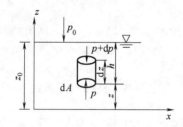

图 2-4　静止液体中的微小六面体

对式(2-16)化简，得

$$\mathrm{d}p = -\rho g\mathrm{d}z \tag{2-17}$$

对式(2-17)积分，有

$$p = -\rho gz + C_1 \tag{2-18}$$

由边界条件：自由液面上 $z=z_0$，$p=p_0$，可以得出式(2-18)中定积分常数 $C_1 = p_0 + \rho gz_0$，代入式(2-18)得

$$p = p_0 + \rho g(z_0 - z) \tag{2-19}$$

式中，z_0-z 为任一点的水深，用 h 来表示，则

$$p = p_0 + \rho gh \tag{2-20}$$

式(2-18)两侧同除以ρg，则得到另一种形式的方程，即

$$z + \frac{p}{\rho g} = C \tag{2-21}$$

式中，C 为积分常数。只有重力作用时，静止水中任一点的 z 与 $p/\rho g$ 之和是一个常量。

式(2-18)和式(2-21)都是水静力学的基本方程式。

2.3.2 压强的量度

为了测量压强的大小，首先要明确压强的起算标准，其次是确定压强的计量单位。根据压强的起算标准不同，可以有以下几种表示方法，如图 2-5 所示。

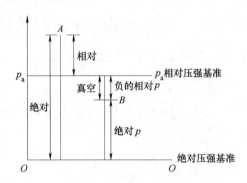

图 2-5 压强的表示方式

(1) 绝对压强。以没有气体存在的真空为零点起算，叫作绝对压强，用 p_{ab} 表示。

(2) 相对压强。在实际环境中，空间是充满气体的，水流表面一般就是当地的大气压强，实际工程中经常测量的是绝对压强与当地大气压强之间的差值，这种以当地大气压强为零点起算的压强，叫作相对压强，用 p 表示。用 p_a 表示当地的大气压强，则相对压强与绝对压强的关系为

$$p = p_{ab} - p_a \tag{2-22}$$

(3) 真空与真空压强。绝对压强都是正的，但是相对压强可能是负的。当水的绝对压强小于大气压强时，相对压强就是负的，说明该处存在真空。真空压强的符号为 p_v，其与大气压强和绝对压强的关系为

$$p_v = p_a - p_{ab} \tag{2-23}$$

由式(2-23)可知，当绝对压强为 0 时，真空压强达到最大，也就是绝对真空状态，但是实际中一般是达不到的。因为当容器中液体表面压强降低到汽化压强时，液体就会迅速蒸发、汽化，所以一般是实现不了绝对真空的。

压强的国际单位为 Pa，工程中常用大气压强的倍数来表示，比如几个大气压。还有一种表示方法就是液体柱高度，其表达式为

$$h = \frac{p}{\gamma} \tag{2-24}$$

式中，γ 为液体密度；h 为液体柱高度，常用单位为米水柱(mH_2O)和毫米水柱($mmHg$)。

2.3.3 水静力学基本方程式的意义

下面介绍水静力学基本方程式(2-21)的几何意义和物理意义。

1. 几何意义

水静力学基本方程式(2-21)中的各项都是长度单位，都可以用几何高度表示。如图 2-6 所示，在容器的左、右两侧壁任意两个位置 1 和 2 上打一小孔，接上与大气相通的开口玻璃管，就形成了测压管 1 和测压管 2。假定容器内是只有重力作用的静止溶液，如果液面上是大气压，那么两个测压管内的液面都应该与容器内液面平齐。以容器底面为 0-0 基准面。对于溶液中的任一点，测压管自由液面到 0-0 基准面的高度可以表示为 $H = z + p/\rho g$。其中 z 为该点到基准面的高度，$p/\rho g$ 为测压管自由液面到该点的高度。

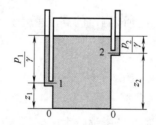

图 2-6　水静力学的几何意义和物理意义

水力学中，常以"水头"来表示高度，所以 z 又叫位置水头，$p/\rho g$ 又叫压强水头，$z + p/\rho g$ 叫作测压管水头。由式(2-21)可以看出，静止液体中任意两点的位置水头和压强水头之和为常数，即测压管水头为常数，有

$$z_1 + \frac{p_1}{\rho g} = z_2 + \frac{p_2}{\rho g} = H \tag{2-25}$$

2. 物理意义

如图 2-6 所示，位置水头 z 表示的是单位质量液体从 0-0 基准面算起所具有的位置势能，简称为位能。当然，取的 0-0 基准面不同，位置势能也不同。

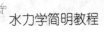

压强水头表示的是单位质量液体从大气压算起所具有的压强势能，简称为压能。如果液体中某点的压强为 p，在该处安置测压管后，在压强 p 的作用下，自由液面将沿管上升到高度 $p/\rho g$，如上升的液体重量为 G，则压强势能为 $Gp/\rho g$，那么单位重量液体的压强势能就是 $p/\rho g$。

z 与 $p/\rho g$ 分别代表了单位位能和单位压能，静止液体中机械能只有位能和压能，所以它们之和就是单位重量液体所具有的总势能。水静力学基本方程表明，静止液体中各点的单位总势能相等。

2.3.4 静水压强的量测

对于互相连通的同一种液体，在重力作用下，静止均质液体的等压面是水平面。水静力学基本方程和等压面原理是各种测压设备的主要来源。经常用到的测压设备有以下几种。

1. 测压管

如图 2-7 所示，简易的测压管就是用一根开口的玻璃管一端与被测液体连通，另一端与大气连通而成的。测压管内自由面到该测点的高度就是该点的相对压强水头。所以图 2-7 中 A 点的相对压强值为 $p=\rho gh_A$。

2. U 形水银测压计

测压管只适合测量较小的压强，当压强较大时，需要的玻璃管过长，所以不好使用。测量较大压强时，可以采用装入较重液体的 U 形测压管，比如 U 形水银测压计，如图 2-8 所示。如果测得水中任一点距离 U 形管左侧水银液面的高度为 h_1，U 形管右侧水银液面距离 U 形管左侧水银液面的高度为 h_2，则该点的压强为

$$p = \rho_{Hg}gh_2 - \rho gh_1 \tag{2-26}$$

式中，ρ_{Hg} 为水银的密度。

3. 压差计

压差计也叫比压计，用于直接测量液体两点之间的压强差。常用的压差计有空气压差计、水银压差计和油压差计等。

图 2-9 所示为一空气压差计，其结构是一个上部充满空气的倒 U 形管，下部两端用橡皮管连接到容器中需要量测的 1、2 两点。当两点压强 p_1 和 p_2 不等时，倒 U 形管中的液面存在高差 Δh。因空气的密度很小，忽略气柱质量，可以认为两管的液面压强相等。两点的压差为

$$p_1 - p_2 = \rho g \Delta h$$

如果测得 Δh，就可以求出两点之间的压强差。

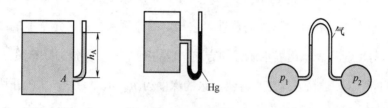

图 2-7　测压管　　图 2-8　U 形水银测压计　　图 2-9　空气压差计

例 2-1　如图 2-10 所示，有两个圆形盛水容器，中间用一水银压差计连接，在两容器内各取一点 1 和 2，已知 1 点的压强为 p_1，水的相对密度为 γ，水银的相对密度为 γ_{Hg}，求 2 点的压强 p_2。

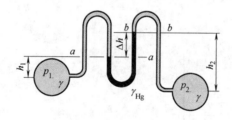

图 2-10　例 2-1 图

解：在 a-a 等压面上，其压强 p_a 为

$$p_a = p_1 - \gamma h_1$$

在 b-b 等压面上，其压强 p_b 为

$$p_b = p_2 - \gamma h_2$$

a-a 平面与 b-b 平面的压强差为

$$\Delta p = p_a - p_b = \gamma_{Hg} \Delta h$$

即

$$(p_1 - \gamma h_1) - (p_2 - \gamma h_2) = \gamma_{Hg} \Delta h$$

所以 2 点的压强为

$$p_2 = p_1 - \gamma_{Hg}\Delta h + \gamma(h_2 - h_1)$$

2.3.5　静水压强的分布图

在实际工程中，经常用到的是相对压强。如果水的表面是自由液面，就是当地的大气压强，那么水的相对压强为 $p = \rho g h$。式中 ρg 为常数，所以压强 p 与水深 h 呈线性关系。根据水静力学的基本方程和静水压强的特性，按一定的比例尺，用一定长度的线段代表静水压强的大小，再用箭头表示出静水压强的方向，就得到了静水压强的分布图。

如图 2-11 所示，一长方体盛水容器，水的深度为 h，水面为当地大气压强，水的相对密度为 γ，则水表面 A 点的压强为 0，水面最低点 B 的压强为 γh。压强都是与受力面垂直的，由 B 点作垂直于 AB 的线段 BB_1，取 $BB_1 = \gamma h$，连接 AB_1，则三角形 AB_1B 即为容器右壁面上面任一铅垂剖面上的静水压强分布图。

如图 2-12 所示，一水库矩形闸门，两侧有水，深度分别为 h_1 和 h_2。在这种情况下可以先分别画出闸门两侧的压强分布图，为两个三角形，然后再叠加，就可以得到该闸门压强的梯形分布图。

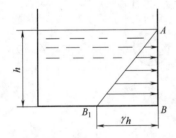

图 2-11　长方体盛水容器的受力

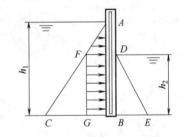

图 2-12　水库闸门的受力

例 2-2　如图 2-13 所示，开口容器中盛有两种不同的液体，密度分别为 1000kg/m^3 和 2000kg/m^3，较轻液体的深度为 0.2m，较重液体的深度为 0.3m。试画出容器右侧壁面的压强分布图。

解：容器右侧壁面上 A 点的压强为 $p_A = 0$。

B 点的压强为 $p_B = 1000 \times 10 \times 0.2 = 2(\text{kPa})$。

C 点的压强为 $p_C=1000×10×0.2+2000×10×(0.3-0.2)=4(kPa)$。

图 2-13 中，线段 DB 代表 B 点的压强 p_B，线段 EC 代表 C 点的压强 p_C。

连接 AD 和 DE，就得到 AC 面上的压强分布图。

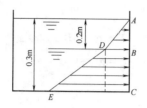

图 2-13 例 2-2 图

2.4 非惯性系的液体平衡

【学习目标】掌握在重力和惯性力同时作用下的液体平衡计算。

液体除了相对地球静止的绝对平衡状态外，还有一种相对平衡状态，此时液体相对地球在运动，但是液体质点之间及器皿之间没有相对运动。如果将坐标系建立在运动容器上，相对地球运动的液体相对于该坐标系是静止的，处于一种相对平衡的状态。根据达朗贝尔原理，在相对平衡的液体质点上施加一个相应的惯性力，就会把一个 $\sum F=ma$ 的动力问题转变为一个 $\sum F=0$ 的静力问题。

以等角速度旋转容器内的液体为例，图 2-14 所示为一个盛有液体的开口圆筒。圆筒以等角速度 ω 绕中垂轴 z 做逆时针方向旋转，由于液体的黏滞性，与容器壁接触的液体首先被带动起来旋转，然后逐渐向中心发展，最后所有的液体都会随着圆筒做逆时针方向旋转，形成一个图 2-14 所示的漏斗形的旋转面。

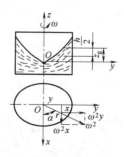

图 2-14 盛有液体的开口圆筒及其旋转面

在圆筒上建立如图 2-14 所示的坐标系，根据达朗贝尔原理，液体的质量力除了重力以外，还应该施加一个大小等于向心力、方向与向心加速度相反的离心惯性力。在液体中任取一点，其质量为 m，在 xOy 平面的投影上距离原点 O 的距离为 r。该点的质量力沿 3 个坐标轴的分量分别为

$$
\left.
\begin{array}{l}
X = \omega^2 r \cos\alpha = \omega^2 x \\
Y = \omega^2 r \sin\alpha = \omega^2 y \\
Z = -g
\end{array}
\right\}
\tag{2-27}
$$

将式(2-27)代入液体平衡微分方程(2-13)得

$$
\mathrm{d}p = \rho(X\mathrm{d}x + Y\mathrm{d}y + Z\mathrm{d}z) = \rho(\omega^2 x\mathrm{d}x + \omega^2 y\mathrm{d}y - g\mathrm{d}z)
\tag{2-28}
$$

为了得到等压面的方程，根据等压面原理，等压面上压强相等，为一个常数，那么其导数为 dp=0，即

$$
\omega^2 x\mathrm{d}x + \omega^2 y\mathrm{d}y - g\mathrm{d}z = 0
\tag{2-29}
$$

对式(2-29)进行积分，有

$$
\frac{\omega^2 r^2}{2g} - z = C
\tag{2-30}
$$

式(2-30)为圆筒内旋转液体的等压面方程，为一簇绕 z 轴旋转的抛物面。作为特例的等压面就是自由表面，对于自由液面，在原点 O 处，r=0，z=0，得出积分常数 C=0。所以自由液面的方程为

$$
z = \frac{\omega^2 r^2}{2g}
\tag{2-31}
$$

式中，$\dfrac{\omega^2 r^2}{2g}$ 是半径为 r 处的水面高出 xOy 的距离。容器做匀速旋转时，中心液面下降，外侧的液面上升，根据旋转抛物体的体积等于同底同高圆柱体体积的一半的道理，容易得知，相对于旋转前静止液面来讲，中心液面下降值与沿壁面升高值应相等，均为 $\dfrac{1}{2}\dfrac{\omega^2 r_0^2}{2g}$，其中 r_0 为圆筒的内半径。

例 2-3 如图 2-15 所示，有一开口圆筒容器，底面直径为 1m，高为 1.2m，盛水深为 1m，圆筒做匀角速度旋转，筒底中心处恰好没有水，求此时圆筒的旋转角速度和溢出的水量。

解： 将坐标系取在圆筒底面的中心点 O，则圆筒内的液体自由表面方程为

$$z = \frac{\omega^2 r^2}{2g}$$

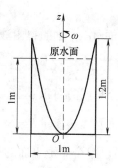

图2-15　例2-3图

在圆筒的上沿处，$r=0.5$m，$z=1.2$m，所以得到圆筒的旋转角速度为

$$\omega = \frac{\sqrt{2gz}}{r} = \frac{\sqrt{2 \times 10 \times 1.2}}{0.5} = 9.8(\text{rad}/\text{s})$$

旋转抛物体的体积是筒底等高的圆柱体体积的一半，可知剩余的水量为圆柱体体积的一半，所以溢出的水量为

$$V_溢 = (1-1.2/2)\pi d^2/4 = 0.4\pi \times 1^2/4 = 0.314(\text{m}^3)$$

因此当筒底无水时，圆筒的旋转角速度为9.8rad/s，溢出的水量为0.314m³。

2.5　平面上的静水总压力

【学习目标】掌握用作图法和解析法来求解平面上的静水总压力的方法。

水工建筑物一般都会与水直接接触，作用在建筑物表面的静水总压力是实际工程中进行水工建筑物设计时所必须考虑的主要荷载，所以计算某一受压面的静水总压力是经常遇到的工程问题。

通常工程上所说的静水压力一般是指静水压强。为了加以区分，通常把某一受压面上所受的静水压力叫作静水总压力。本节主要研究平面上的静水总压力。

2.5.1　压力图法

矩形平面是实际工程中最经常见到的平面。计算矩形平面上的静水总压力实际上就是求平行力系的合力问题，通常是利用静水压强的分布图来求矩形平面的静水总压力，这种方法称为压力图法。

如图 2-16 所示，一铅垂矩形平面 AB_1，水的自由液面与矩形顶边平齐。矩形的高为 H，宽为 b。平面静水总压力的大小应该等于分布在平面上各点静水压强的总和。而作用在单位宽度上的静水总压力就是静水压强分布图的面积 S，所以整个矩形平面的静水总压力 P 就等于压强分布图的面积 S 乘以矩形平面宽度 b，即 $P = Sb$。如图 2-16 所示，单位宽度上的压强分布图为一三角形，$S = \gamma H^2/2$。所以整个矩形平面的静水总压力为 $P = \gamma H^2 b/2$。

矩形平面的静水总压力 P 的作用线通过压强分布体的重心处，即矩形半宽处的压强分布图形心，方向垂直指向作用面，作用线与矩形平面的交点就是压力中心。

如图 2-16 所示，如果压强分布图为三角形，其压力中心位于距矩形顶边的 $2/3H$ 处。如图 2-17 所示，如果压强分布为梯形，其压力中心距离矩形平面底边的距离为

$$e = \frac{l}{3} \frac{2h_1 + h_2}{h_1 + h_2} \tag{2-32}$$

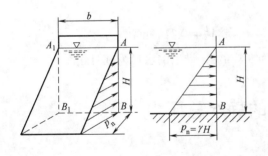

图 2-16　矩形平面压强分布

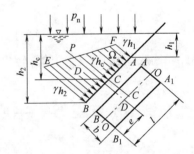

图 2-17　梯形压强分布

2.5.2　解析法

上面介绍的压力图法只适合于作用面为矩形的规则图形，当作用面为一个无对称轴的任意形状平面时，压力图法就不能求解作用在平面上的静水总压力了，这时可以采用解析法。

如图 2-18 所示，一放在水中任意位置的任意形状的倾斜平面 EF，其与水平面的夹角为 α，且垂直于纸面，平面面积为 A，形心点在 C。取平面的延展面与水面的交线为 Ox 轴(垂

直于纸面)，垂直于 Ox 轴沿平面向下为 Oy 轴。在平面中任意一点 M 处取一微小面积 dA，M 点的坐标为 (x,y)，其所在的位置水深为 h，因为 dA 非常微小，所以其面上各点的压强都近似地等于 M 点的压强，所以作用在面上的静水总压力为

$$dP = p dA = \gamma h dA = \gamma y \sin\alpha dA \tag{2-33}$$

对式(2-33)积分即可得到任意面 A 上的静水总压力为

$$P = \int_A dP = \int_A \gamma y \sin\alpha dA = \gamma \sin\alpha \int_A y dA \tag{2-34}$$

式(2-34)表明，任意形状平面上的静水总压力等于平面面积与该平面形心位置压强的乘积。

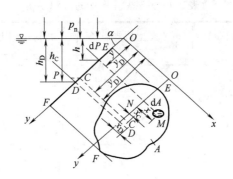

图 2-18　解析法求解静水总压力

下面来分析该平面上的静水总压力的压力中心的位置 $D(x_D, y_D)$。由理论力学可知，合力对任一轴的力矩，等于各分力对该轴力矩的代数和。各分力对 Ox 轴取矩为

$$\int dP \cdot y = \int_A \gamma \sin\alpha y^2 dA = \gamma \sin\alpha \int_A y^2 dA = \gamma \sin\alpha I_x \tag{2-35}$$

式中，$I_x = \int_A y^2 dA$，为平面 EF 对 Ox 轴的惯性矩。平面 EF 上的静水总压力对 Ox 轴的力矩应该与各分力对 Ox 轴的力矩相等，所以

$$P \cdot y_D = \gamma \sin\alpha y_C A \cdot y_D = \gamma \sin\alpha I_x \tag{2-36}$$

化简得

$$y_D = \frac{I_x}{y_C A} \tag{2-37}$$

利用惯性矩平移轴定理有

$$I_x = I_C + y_C^2 A \tag{2-38}$$

将式(2-38)代入式(2-37)得

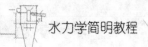

$$y_D = \frac{I_C + y_C^2 A}{y_C A} = y_C + \frac{I_C}{y_C A} \tag{2-39}$$

一般而言，I_C 都是大于零的，所以压力中心 D 一般都在形心 C 的下面，只有当受力面为水平时，压力中心 D 和形心 C 才会重合。

同理，对 Oy 轴取矩就可以得到压力中心的 x 轴方向坐标 x_D。但是在实际工程中，平面图形大都具有平行于 Oy 轴的对称轴，压力中心点就在对称轴上，所以一般只要求出 y_D 即可，x_D 无须计算。

几种常见图形的面积 A、惯性矩值 I_C 见表 2-1。

表 2-1　几种常见图形的 A 和 I_C 值

几何图形及名称	面积 A	形心距上边界点长 y_C	相对于图上 Cx 轴的惯性矩 J_{Cx}	相对于图上底边的惯性矩 J_b
矩形	bh	$\frac{1}{2}h$	$\frac{1}{12}bh^3$	$\frac{1}{3}bh^3$
三角形	$\frac{1}{2}bh$	$\frac{2}{3}h$	$\frac{1}{36}bh^3$	$\frac{1}{12}bh^3$
梯形	$\frac{h(a+b)}{2}$	$\frac{h}{3}\left(\frac{a+2b}{a+b}\right)$	$\frac{h^3}{36}\left(\frac{a^2+4ab+b^2}{a+b}\right)$	—
圆	πr^2	r	$\frac{1}{4}\pi r^4$	—
半圆	$\frac{1}{2}\pi r^2$	$\frac{4}{3}\cdot\frac{r}{\pi}$	$\frac{9\pi^2-64}{72x}r^4$	$\frac{\pi}{8}r^4$

例 2-4　有一竖直的矩形闸门，如图 2-19 所示，已知闸门的高度 $H=2.5\text{m}$，宽度 $b=2\text{m}$，

矩形闸门的上顶边距离水面为 h_1=1m。分别用压力图法和解析法来求解闸门上的静水总压力。

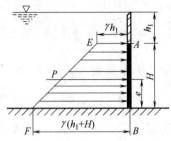

图 2-19 例 2-4 图

解：

(1) 压力图法。

如图 2-19 所示，该闸门单位宽度上的压强分布图为 $ABFE$，所以其静水总压力为

$$P=Sb=[\gamma h_1+\gamma(h_1+H)]\,Hb/2$$
$$=[10^4\times1+10^4\times(1+2.5)]\times2.5\times2/2$$
$$=1.125\times10^5(\text{N})=112.5(\text{kN})$$

静水总压力 P 的方向为垂直于并指向闸门。压力中心距离闸门底部的距离为

$$e=\frac{H}{3}\frac{2h_1+(h_1+H)}{h_1+(h_1+H)}=\frac{2.5}{3}\frac{2\times1+(1+2.5)}{1+(1+2.5)}=1.02(\text{m})$$

(2) 解析法。

闸门形心处的水深 h_C=h_1+H/2=2.25m，矩形闸门的面积 $S=Hb$=5m^2，所以闸门上的静水总压力为

$$P=\gamma h_C S=10^4\times2.25\times5=1.125\times10^5(\text{N})=112.5(\text{kN})$$

静水总压力的方向垂直指向矩形闸门平面。其压力中心 D 距水表面的距离为

$$y_D=y_C+\frac{I_C}{y_C A}=(h_1+H/2)+\frac{\dfrac{bH^3}{12}}{(h_1+H/2)(Hb)}=2.25+\frac{2.6}{11.25}=2.48(\text{m})$$

所以静水总压力距闸门底部的距离为

$$e=(h_1+H)-y_D=1.02(\text{m})$$

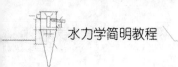

2.6 曲面上的静水总压力

【学习目标】掌握曲面上静水总压力的计算。

在水利工程中，经常会遇到受压面为曲面的情况，如拱坝的挡水面、弧形闸墩、U 形渡槽和圆柱形油箱等。以上曲面多数为二向曲面，因此本章主要以其为例来分析作用在曲面上的静水总压力，所得结论可以推广到三向曲面。作用在曲面上任意点的静水总压强也是沿着作用面的法线方向指向作用面，并且其大小与该点的水深呈线性关系。

对于曲面来说，由于各部分面积上所受的静水压力的大小及方向均可不相同，所以不能用求代数和的方法来计算液体总压力，为了把它变成一求平行力系的合力问题，只能分别计算出作用在曲面上 P 的水平分力 P_x 和垂直分力 P_z，最后将 P_x、P_z 合成为 P。

如图 2-20 所示，二向曲面的母线与纸面垂直。取坐标平面 xOy 与水面平行，y 轴与曲线的母线平行，z 轴铅垂向下。设面积为 A 的曲面 ab 受静水作用，如图 2-20 所示，若液面与大气相通，其液面的相对压强为零，则在曲面 ab 上任取一微小面积 $\mathrm{d}A$(淹深为 h)受到的微小压力为 $\mathrm{d}P = \rho g h \mathrm{d}A$。其方向与 $\mathrm{d}A$ 垂直，与水平方向成 θ 角。

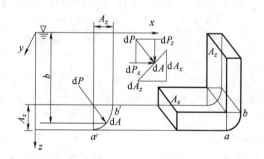

图 2-20 曲面上的静水总压力

将 $\mathrm{d}P$ 分解为 $\mathrm{d}P_x$ 和 $\mathrm{d}P_z$，然后分别在 A 上求积分。

(1) 液体总压力 P 的水平分力为

$$P_x = \int_A \mathrm{d}P_x = \int \mathrm{d}P \cos\theta = \int \rho g h \cos\theta \mathrm{d}A = \rho g \int_A h \mathrm{d}A_x \tag{2-40}$$

式中，$\int_A h \mathrm{d}A_x = h_C A_x$ 为面积 A 在 yOz 坐标面上的投影面积 A_x 对 Oy 轴的面积距，于是有 $P_x = \rho g h_C A_x$，其作用线通过 A_x 的压力中心 D。

(2)　液体总压力 P 的垂直分力为

$$P_z = \int_A \mathrm{d}P_z = \int_A \mathrm{d}P \sin\theta = \int_A \rho gh \mathrm{d}A \sin\theta = \rho g \int h \mathrm{d}A_z \qquad (2\text{-}41)$$

式中，$\int_A h \mathrm{d}A_z$ 为曲面 ab 上方的液柱体积 V，通常这个体积称为压力体，于是 $P_z = \rho gV$。压力体中总压力的垂直分力等于压力的液重，其作用线通过压力体的重心。

所以曲面上的总压力为

$$P = \sqrt{P_x^2 + P_z^2}$$

方向：总压力 P 与水平面之间的夹角 θ 的正切为

$$\tan\theta = \frac{P_z}{P_x}$$

作用点：总压力的作用线必须通过 P_z 和 P_x 的交点。

本章小结

本章主要介绍了液体的平衡规律，并应用这些规律来计算静水中点的压强，确定受压面上的静水压强分布规律和求解作用于平面上和曲面上的静水总压力等问题。应用以上研究可以解决很多工程上的实际问题，如计算挡水坝闸门上的静水压力、制作量测液体压强的仪表等。同时，水静力学也是学习水动力学的基础。

习题

2-1　一密闭盛水容器如图 2-21 所示，U 形测压计液面高于容器内液面 $h=2.5\text{m}$，求容器液面的相对压强。

2-2　有一圆锥形开口容器，下接一个弯管。当容器恰好无水时，弯管读数如图 2-22 所示。当圆锥容器内充满水并且弯管充满水时，弯管读数为多少？

2-3　密闭水箱如图 2-23 所示，压力表测得压强为 4800Pa。压力表中心比 A 点高 0.6m，A 点在液面下 1.6m。求液面的绝对压强和相对压强。

2-4　已知：$H=2.9\text{m}$，$h_1=1.5\text{m}$，$h_2=2.4\text{m}$，$h_3=1.3\text{m}$，$h_4=2.2\text{m}$，试按图 2-24 所示复式水银测压计的读数计算容器中的水面蒸汽的绝对压强。

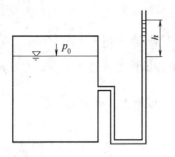

图 2-21　题 2-1 图

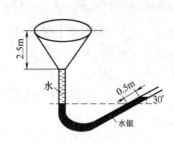

图 2-22　题 2-2 图

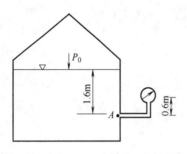

图 2-23　题 2-3 图

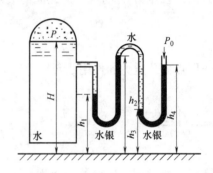

图 2-24　题 2-4 图

2-5　多管水银测压计用来测水箱中的表面压强。图 2-25 中高程的单位为 m。试求水面的绝对压强 p_{abs}。

2-6　如图 2-26 所示，A、B 两杯的直径均为 d_1=30mm，U 形管直径 d_2=3mm，A 杯中的溶液为酒精，密度为 ρ_1=870kg/m^3，B 杯中的溶液为煤油，密度为 ρ_2=830kg/m^3，当两杯上的压强差 Δp=0 时，酒精与煤油的分界面在 0-0 线上。求当两种液体的分界面上升到 0'-0' 位置，h=300mm 时 Δp 为多少？

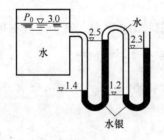

图 2-25　题 2-5 图

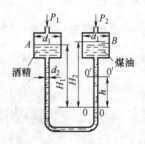

图 2-26　题 2-6 图

2-7　如图 2-27 所示，水管 A、B 两点高差 h_1=0.3m，U 形压差计中水银液面高差

$h_2=0.1$m。试求 A、B 两点的压强差。

2-8　如图 2-28 所示，水车的水箱长 3m，高 1.5m，盛水深 1.0m，以等加速度向前平驶，为使水不溢出，加速度 a 的允许值是多少？

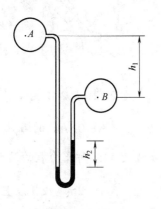

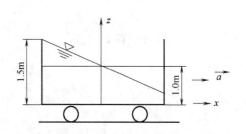

图 2-27　题 2-7 图　　　　　　　**图 2-28　题 2-8 图**

2-9　如图 2-29 所示，边长为 b 的敞口立方水箱中原来装满水，当容器以匀加速度向右运动时，试求：①水溢出 1/3 时的加速度 a_1；②水剩下 1/3 时的加速度 a_2。

2-10　有一等加速度向下运动的盛水容器，如图 2-30 所示，水深 $h=2.5$m，加速度 $a=5$m/s²。试求：①容器底部的相对静水压强；②加速度为何值时容器底部的相对压强为 0？

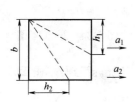

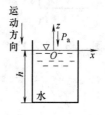

图 2-29　题 2-9 图　　　　　　　**图 2-30　题 2-10 图**

2-11　如图 2-31 所示，矩形平板闸门 AB 一侧挡水。已知长 $l=4$m，宽 $b=2$m，形心点水深 $h_C=3$m，倾角 $\alpha=45°$，闸门上缘 A 处设有转轴，忽略闸门自重及门轴摩擦力。试求开启闸门所需拉力。

2-12　如图 2-32 所示，试求作用在关闭着的池壁圆形放水闸门上静水总压力和作用点的位置。已知闸门直径 $d=0.4$m，距离 $a=2.0$m，闸门与自由水面间的倾斜角 $\alpha=60°$，水为淡水。

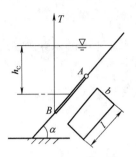

图 2-31 题 2-11 图

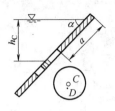

图 2-32 题 2-12 图

2-13 如图 2-33 所示容器，上层为空气，中层为 $\rho_{石油}=8170N/m^3$ 的石油，下层为 $\rho_{甘油}=12550N/m^3$ 的甘油，试求当测压管中的甘油表面高程为 11m 时压力表的读数。

2-14 某处设置安全闸门如图 2-34 所示，闸门宽 $b=1m$，高 $h_1=2m$，铰接装置置于距离底 $h_2=0.8m$，闸门可绕 A 点转动，求闸门自动打开的水深 h 为多少米。

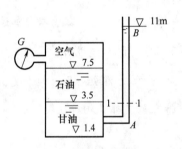

图 2-33 题 2-13 图

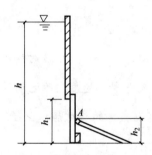

图 2-34 题 2-14 图

2-15 如图 2-35 所示，有一盛水的开口容器以加速度 $7.2m/s^2$ 沿与水平面成 $30°$ 夹角的斜面向上运动，试求容器中水面的倾角。

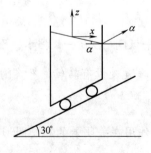

图 2-35 题 2-15 图

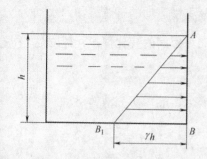

第 3 章

水动力学基础

本章要点

- 了解描述流体运动的拉格朗日法和欧拉法的内容和特点。
- 理解流体运动的基本概念，包括流线和迹线，元流和总流，过水断面、流量和断面平均流速，一元流、二元流和三元流等。
- 掌握流体运动的分类和特征，即恒定流和非恒定流、均匀流和非均匀流以及渐变流和急变流。
- 理解测压管水头线、总水头线、水力坡度与测压管水头、流速水头、总水头和水头损失的关系。
- 掌握并能应用恒定总流连续性方程。
- 掌握恒定总流的能量方程，理解恒定总流的能量方程和动能修正系数的物理意义，了解能量方程的应用条件和注意事项，能熟练应用恒定总流能量方程进行计算。

技能目标

- 流体运动的分类和基本概念。
- 恒定总流的连续性方程、能量方程和动量方程及其应用是本章的重点，也是本课程讨论工程水力学问题的基础。
- 恒定总流的连续性方程的形式及应用条件。
- 恒定总流能量方程的应用条件和注意事项，并会用能量方程进行水力计算。
- 能应用恒定总流的连续方程。

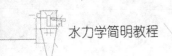

第 2 章已经介绍了水静力学的基本原理及应用。但是在实际工程中遇到的液体往往是动态的，只有对动态液体进行分析研究才能得出表征液体运动规律的一般原理。

液体的运动是一种复杂的连续介质流动，质点之间也存在着复杂的相对运动。尽管如此，它们之间有内在联系，有共同的运动趋势，仍遵循物体机械运动的普遍规律。水动力学的基本任务就是研究水的速度、加速度等运动要素随时间和空间的变化情况，建立这些运动要素之间的关系来解决实际工程问题。

本章首先介绍液体运动的两种方法和液体运动的基本概念，然后研究液体运动所遵循的质量守恒定律、能量守恒定律和动量定理等普遍规律。

3.1 描述液体运动的两种方法

【学习目标】 了解拉格朗日法和欧拉法的意义和区别。

液体流动时，表征运动特征的速度和加速度等运动要素一般要随时间和空间的变化而变化。与固体不同，液体又是由无数个质点组成的连续介质，这是一个复杂的问题，一度困扰了众多学者，直到拉格朗日法和欧拉法两种方法理论的提出，才有了完善的描述液体运动的方法。

3.1.1 拉格朗日法

拉格朗日法是以运动着的流体质点为研究对象，跟踪观察个别流体质点在不同时间其位置、流速和压力的变化规律，然后把足够的流体质点综合起来获得整个流场的运动规律，所以该法又叫质点系法。

也就是说，拉格朗日法着眼于流体质点，它以每个运动着的流体质点为研究对象，跟踪观察质点的运动轨迹(迹线)以及运动参量(v, p)随时间的变化，综合所有流体质点的运动，得到流体的运动规律。

如图 3-1 所示，在 $t=t_0$ 时刻，一液体质点的空间坐标为(a,b,c)，视为其起始位置，在任意时刻 t，其坐标为(x,y,z)，是该质点的运动坐标，可以看成是该质点起始位置坐标(a,b,c)和时间 t 的函数，即

$$
\left.\begin{array}{l}
x = x(a,b,c,t) \\
y = y(a,b,c,t) \\
z = z(a,b,c,t)
\end{array}\right\} \tag{3-1}
$$

式中，a、b、c 和时间 t 均为拉格朗日变量。

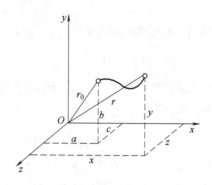

图 3-1　拉格朗日法求解液体运动规律

式(3-1)表示的是液体中任意质点的运动轨迹。若给出确定的 a、b、c 值，就能得出某质点的运动轨迹方程。

令式(3-1)对时间 t 取偏导数，就能得出某个在 x、y、z 轴方向指定的速度分量，即

$$
\left.\begin{array}{l}
u_x = \dfrac{\partial x}{\partial t} = \dfrac{\partial_x(a,b,c,t)}{\partial t} \\[2mm]
u_y = \dfrac{\partial y}{\partial t} = \dfrac{\partial_y(a,b,c,t)}{\partial t} \\[2mm]
u_z = \dfrac{\partial z}{\partial t} = \dfrac{\partial_z(a,b,c,t)}{\partial t}
\end{array}\right\} \tag{3-2}
$$

同理，令式(3-1)对时间 t 取二阶偏导数，就能得出某个在 x、y、z 轴方向指定的加速度分量，即

$$
\left.\begin{array}{l}
a_x = \dfrac{\partial^2 x}{\partial t^2} = \dfrac{\partial^2_x(a,b,c,t)}{\partial t^2} \\[2mm]
a_y = \dfrac{\partial^2 y}{\partial t^2} = \dfrac{\partial^2_y(a,b,c,t)}{\partial t^2} \\[2mm]
a_z = \dfrac{\partial^2 z}{\partial t^2} = \dfrac{\partial^2_z(a,b,c,t)}{\partial t^2}
\end{array}\right\} \tag{3-3}
$$

从以上的讨论中可以看出，拉格朗日法在概念上简明易懂，与研究固体质点运动很相似。但是液体质点运动轨迹非常复杂，要用该法研究液体质点的运动规律，必须要先建立液体质点的轨迹方程，这在数学处理上非常困难。因此，除了个别问题外，水力学上很少

采用这种方法，普遍采用的是欧拉法。

3.1.2 欧拉法

与拉格朗日法不同，欧拉法是以考察不同液体质点通过固定的空间点的运动情况来了解整个流动空间内的流动情况，所以该法又叫流场法。

任意时刻 t 通过流场中任意点的液体质点(x,y,z)的流速在的 x、y、z 方向的分量可表示为

$$\left.\begin{aligned} u_x &= u_x(x,y,z,t) \\ u_y &= u_y(x,y,z,t) \\ u_z &= u_z(x,y,z,t) \end{aligned}\right\} \tag{3-4}$$

式(3-4)中，若是给定常数 x、y、z，参数 t 为变量，就可以求出流场内某一固定空间质点上，不同时刻液体质点通过该点的流速分布情况；反之，如果给定常数 t，而参数 x、y、z 为变量，就可以求出同一时刻，流场内不同空间点上的液体质点的流速分布情况。

将式(3-4)对时间 t 求导，就可以得出液体质点通过空间任意点的加速度。这里应该注意的是，x、y、z 不再是固定的空间点，它们都是时间 t 的连续函数，所以液体质点的加速度为

$$\left.\begin{aligned} a_x &= \frac{\partial u_x}{\partial t} + \frac{\partial u_x}{\partial x}\frac{\mathrm{d}x}{\mathrm{d}t} + \frac{\partial u_x}{\partial y}\frac{\mathrm{d}y}{\mathrm{d}t} + \frac{\partial u_x}{\partial z}\frac{\mathrm{d}z}{\mathrm{d}t} \\ a_y &= \frac{\partial u_y}{\partial t} + \frac{\partial u_y}{\partial x}\frac{\mathrm{d}x}{\mathrm{d}t} + \frac{\partial u_y}{\partial y}\frac{\mathrm{d}y}{\mathrm{d}t} + \frac{\partial u_y}{\partial z}\frac{\mathrm{d}z}{\mathrm{d}t} \\ a_z &= \frac{\partial u_z}{\partial t} + \frac{\partial u_z}{\partial x}\frac{\mathrm{d}x}{\mathrm{d}t} + \frac{\partial u_z}{\partial y}\frac{\mathrm{d}y}{\mathrm{d}t} + \frac{\partial u_z}{\partial z}\frac{\mathrm{d}z}{\mathrm{d}t} \end{aligned}\right\} \tag{3-5}$$

式中，$\dfrac{\mathrm{d}x}{\mathrm{d}t}$、$\dfrac{\mathrm{d}y}{\mathrm{d}t}$、$\dfrac{\mathrm{d}z}{\mathrm{d}t}$ 为液体质点的位置坐标对对时间的导数，也就是其运动速度，所以

$$\left.\begin{aligned} a_x &= \frac{\partial u_x}{\partial t} + u_x\frac{\partial u_x}{\partial x} + u_y\frac{\partial u_x}{\partial y} + u_z\frac{\partial u_x}{\partial z} \\ a_y &= \frac{\partial u_y}{\partial t} + u_x\frac{\partial u_y}{\partial x} + u_y\frac{\partial u_y}{\partial y} + u_z\frac{\partial u_y}{\partial z} \\ a_z &= \frac{\partial u_z}{\partial t} + u_x\frac{\partial u_z}{\partial x} + u_y\frac{\partial u_z}{\partial y} + u_z\frac{\partial u_z}{\partial z} \end{aligned}\right\} \tag{3-6}$$

由式(3-6)可以看出，液体质点的加速度由两部分组成。前一部分 $\dfrac{\partial u}{\partial t}$ 反映的是在同一空

间质点上的液体质点随时间的变化率，是由时间引起的加速度，所以称为定位加速度或时变加速度，也叫做当地加速度；而后一部分 $u_x \dfrac{\partial u}{\partial x} + u_y \dfrac{\partial u}{\partial y} + u_z \dfrac{\partial u}{\partial z}$ 反映的是同一时刻由于相邻空间点上流速差的存在，引起的液体质点加速度，它是由于空间位置变化引起的加速度，所以称为变位加速度或迁移加速度。两者之和就是质点的加速度，也叫随体加速度。

3.2　液体运动的基本概念

【学习目标】了解液体运动的分类；掌握液体运动的基本概念。

在讨论液体运动的基本方程和规律之前，为了方便分析和研究问题，先给大家介绍一些关于液体运动的基本概念。

3.2.1　恒定流和非恒定流

用欧拉法来描述液体的运动时，将各种运动要素都表示为空间坐标和时间的连续函数。可以将液体运动分为恒定流和非恒定流两大类：如果流场中任何空间点上所用的运动要素都不随时间而改变，这种液体流动叫做恒定流；反之则为非恒定流。对于恒定流来说，其质点上的运动要素都是不变的，仅是空间坐标的连续函数，与时间无关。所以恒定流的液体质点的速度分量为

$$\left.\begin{array}{l} u_x = u_x(x, y, z) \\ u_y = u_y(x, y, z) \\ u_z = u_z(x, y, z) \end{array}\right\} \tag{3-7}$$

所用的运动要素对时间的偏导数都等于零，即

$$\left.\begin{array}{l} \dfrac{\partial u_x}{\partial t} = \dfrac{\partial u_y}{\partial t} = \dfrac{\partial u_z}{\partial t} = 0 \\[2mm] \dfrac{\partial p}{\partial t} = 0 \end{array}\right\} \tag{3-8}$$

研究实际问题时，需要分清液体流动是恒定流还是非恒定流。对于恒定流来说，没有时间变量，所以水流运动分析比较简单。但是实际工程中大多是非恒定流，极少是恒定流。为了方便问题的分析与解决，大多数情况下，可以把运动要素随时间变化较小的流体当作恒定流来处理。

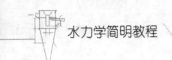

3.2.2　流线和迹线

描述液体运动有拉格朗日法和欧拉法两种方法。拉格朗日法是通过考察个别质点在不同时刻的运动情况来研究整个液体的运动；而欧拉法是通过考察同一时刻液体质点在不同空间位置的运动情况来研究整个液体的运动。正是基于以上两种方法，才提出了流线和迹线的概念。

迹线是液体质点在其运动的空间所走的轨迹线，是同一个质点在一个时段内的运动轨迹。拉格朗日法就是通过液体质点的运动来研究液体的运动，因此可以通过拉格朗日法得出迹线方程。

如图 3-2 所示，流线与迹线不同，它是某一时刻在流场中描绘出的曲线，曲线上各点的速度方向都沿着曲线的切线方向。在液体运动的空间内，可以绘出一系列的流线，称为流线簇。

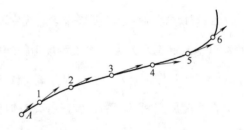

图 3-2　流线

由液体运动的性质可知，流线不能相交或转折，只能是光滑曲线。当液体流动为恒定流时，流线的形状、位置不随时间而变化，此时流线与迹线是重合的。如果是非恒定流，流线会随时间而变化。另外，流线簇的疏密程度反映了此时流场中各点的流速大小，即流线密集的位置流速大，流线稀疏的位置流速小。

3.2.3　流管、元流和总流

如图 3-3 所示，在流场中任取一条与流线不重合的微小闭合曲线，在同一时刻通过该微小闭合曲线上的各点作流线，由这些流线组成的管状闭合曲面叫作流管。由流管的定义可知，流体不能通过流管的管壁流入或流出。

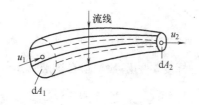

图 3-3　流管和元流

充满流管中的液流叫作元流。当流管截面面积趋近于零时，元流就变成了一条流线。对于恒定流来说，元流的形状和位置是不变的。由无数微小流束所组成的水流称为总流。现实中的水流都是总流。

与元流或总流的流线相垂直的横断面称为过水断面，面积为 dA 或 A。过水断面可以是平面，也可以是曲面。单位时间内通过过水断面的液体体积称为流量。水力学中，一般以 Q 来表示流量，单位为 m^3/s。

元流的过水断面为一微分平面 dA，可以近似地认为断面上各点的流速均为 u，方向是沿过水断面的法线方向，所以单位时间内通过过水断面的液体体积为

$$dQ = udA \tag{3-9}$$

式(3-9)即为元流的流量，对式(3-9)积分就可以得到总流的流量，即

$$Q = \int_A dQ = \int_A udA \tag{3-10}$$

通常情况下，过水断面的流速分布是非常难以确定的，所以这里要引入一个假想的速度，就是总流过水断面的平均流速。如果过水断面上各点的速度都等于 v，此时所通过的流量与实际上流速为不均匀分布时所通过的流量相等，那么流速 v 就是过水断面的平均流速。根据平均流速的定义可以得出平均流速 v 的表达式为

$$v = \frac{\int_A udA}{A} = \frac{Q}{A} \tag{3-11}$$

所以通过总流过水断面的流量就是平均流速与过水断面面积的乘积。引入断面平均流速可以大大简化实际工程问题。

3.2.4　一元流、二元流和三元流

根据水力要素与欧拉变量中的空间坐标变量的关系，液体运动可以分为一元流、二元

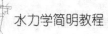

流和三元流。

如果液体的运动要素是 3 个坐标变量的函数，那么该液体运动就是三元流，也叫空间运动；如果运动要素是两个坐标变量的函数，那么该液体运动就是二元流，也叫平面运动；如果运动要素只是一个坐标变量的函数，那么该液体运动就是一元流。比如 3.2.3 小节提到的元流就是一元流。如果把过水断面上各点的流速用断面平均流速去代替，这时的总流也是一元流。实际工程中的液体运动大多是三元流，但是三元流的运动分析非常复杂，为了方便、快速地解决问题，水力学中常采用简化的方法，引入断面平均流速的概念，把总流视为一元流，用一元分析法来研究实际工程中的液体运动规律。

3.2.5 均匀流和非均匀流

根据流场中同一条流线上各空间点的流速矢量是否沿流程变化，可以将总流分为均匀流和非均匀流。若是各点流速矢量相同，则为均匀流；否则为非均匀流。如图 3-4 所示，在均匀流中，流线都是彼此互相平行的直线，过水断面是平面，并且形状和尺寸沿程不变；过水断面上的流速分布沿程不变，迁移加速度为零。如图 3-5 所示，在非均匀流中，流线或者是不平行的直线，或者是曲线。

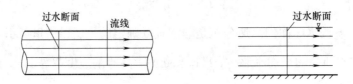

图 3-4 均匀流

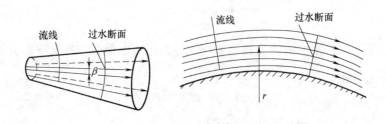

图 3-5 非均匀流

非均匀流与均匀流的本质区别是后者有迁移加速度，根据迁移加速度的大小，可将均匀流分为渐变流和急变流。如果迁移加速度较小，流速沿流线变化缓慢的液体运动为渐变流，此时流线或者是近似平行的直线，或者是曲率很小的曲线；如果迁移加速度较大，流速沿流线变化急剧的液体运动为急变流，此时流线或者是夹角较大的直线，或者是曲率很大的曲线。

3.3　恒定总流的连续方程

【学习目标】 掌握恒定总流的连续性方程及应用。

液体运动是一种连续介质的连续流动，和其他物质运动一样，也要遵守质量守恒的普遍规律。液流的连续性方程就是质量守恒的水力学表达形式。

如图 3-6 所示，在恒定流中取一段微小流管，则流管的形状和尺寸不随时间的改变而改变，且通过流管的侧壁没有液体的流入或流出。该流管的左断面面积为 dA_1，断面形心点的速度为 u_1，右断面面积为 dA_2，断面形心点的速度为 u_2。

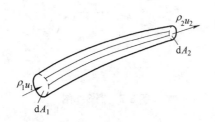

图 3-6　恒定流中一段微小流管

因为流管的过水断面面积较小，可以将断面形心流速看作其断面平均流速，则在 dt 时间段内，从左断面 dA_1 流入的液体质量为 $\rho_1 u_1 dA_1 dt$，从右断面 dA_2 流出的液体质量为 $\rho_2 u_2 dA_2 dt$。因为该液流为不可压缩的连续介质，所以流管内的液体质量保持不变。也就是在 dt 时间内从左断面流入的液体质量和从右断面流出的液体质量应该是相等的，即

$$\rho_1 u_1 dA_1 dt = \rho_2 u_2 dA_2 dt \tag{3-12}$$

因为是同一种不可压缩液体，所以 $\rho_1 = \rho_2$，式(3-12)可化简为

$$dQ = u_1 dA_1 = u_2 dA_2 \tag{3-13}$$

式(3-13)就是不可压缩液体恒定元流的连续性方程。而总流是由无数元流组成的，对

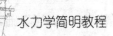

式(3-13)在总流的过水断面上积分就得到了总流的连续性方程，即

$$Q = \int_{A_1} u_1 \mathrm{d}A_1 = \int_{A_2} u_2 \mathrm{d}A_2 \tag{3-14}$$

式中，A_1 和 A_2 为总流两个过水断面的面积；Q 为总流的流量。引入过水断面的平均流速 v_1 和 v_2，则式(3-14)可化为

$$Q = v_1 A_1 = v_2 A_2 \tag{3-15}$$

式(3-15)为不可压缩液体恒定总流的连续性方程。该式说明，不可压缩液体的恒定总流中，任意两个过水断面的流量都是相等的，通过总流的断面平均流速与过水断面的面积成反比。

例3-1 有一输水管道如图3-7所示，已知1-1断面的水流量 Q_1 为 $0.1\mathrm{m}^3/\mathrm{s}$，3-3断面的水流量 Q_3 为 $0.5\mathrm{m}^3/\mathrm{s}$，4-4断面的水流量 Q_4 为 $0.2\mathrm{m}^3/\mathrm{s}$，求2-2断面的水流量 Q_2 和5-5断面的水流量 Q_5。

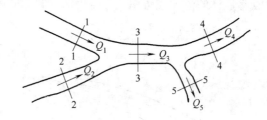

图3-7　例3-1图

解：由不可压缩液体恒定总流的连续方程可知

$$Q_1+Q_2=Q_3=Q_4+Q_5$$

即

$$0.1+Q_2=0.5=0.2+Q_5$$

所以，2-2断面的水流量 Q_2 为 $0.4\mathrm{m}^3/\mathrm{s}$，5-5断面的水流量 Q_5 为 $0.3\mathrm{m}^3/\mathrm{s}$。

3.4　恒定总流的能量方程

【学习目标】 掌握恒定总流能量方程的应用条件和注意事项，并会用能量方程进行水力计算。

连续性方程是液体运动的一个基本方程，只说明了流速和过水断面的关系，本节将进一步从能量转化的角度来讨论水流与运动要素的关系。

3.4.1　理想液体恒定元流的能量方程

与固体运动相同，液体的运动也同样要遵循能量守恒原则，下面将从能量守恒定律出发来讨论运动要素之间的关系——能量方程。

如图 3-8 所示，在理想的恒定总流中，任意截取一段微小流束，过水断面 1 和 2 的面积分别为 dA_1 和 dA_2，过水断面形心到 0-0 基准面的高度分别为 z_1 和 z_2，两过水断面的形心压强分别为 p_1 和 p_2，以过水断面的形心点的流速 u_1 和 u_2 来代表其断面的平均流速。把初始截取的微小流束看作一个系统，经过 dt 时间后，该系统从位置 1-2 运动到新位置 1'-2'，系统在 dt 时间段内的动能增量为 1'-2'段的动能减去 1-2 段的动能。因为是恒定流，所以 1'-2 段的动能是不变的，整个系统 dt 时间段内的动能增量也就是 2-2'段的动能减去 1-1' 段的动能。

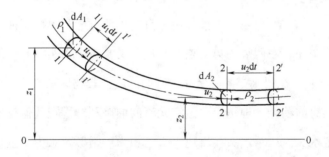

图 3-8　理想恒定总流中一段微小流束

根据质量守恒定律，流段 1-1'和 2-2′ 的质量是相等的，即

$$dm = \rho_1 u_1 dA_1 dt = \rho_2 u_2 dA_2 dt = \rho dQ dt \tag{3-16}$$

该恒定总流的液体是密度为 ρ 的不可压缩液体，所以该系统在 dt 时间段内的动能增量为

$$\frac{1}{2}dmu_2^2 - \frac{1}{2}dmu_1^2 = \frac{1}{2}\rho dQ dt (u_2^2 - u_1^2) = \rho g dQ dt \left(\frac{u_2^2}{2g} - \frac{u_1^2}{2g}\right) \tag{3-17}$$

因为是理想液体，所以可以不考虑阻力做功，因此在 dt 时间段内该系统只有重力和压力做功。

重力做功为

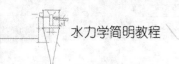

$$W_G = \mathrm{d}mg(z_1 - z_2) = \rho g \mathrm{d}Q \mathrm{d}t(z_1 - z_2) \tag{3-18}$$

压力做功为

$$W_P = p_1 \mathrm{d}A_1 \mathrm{d}S_1 - p_2 \mathrm{d}A_2 \mathrm{d}S_2 = p_1 \mathrm{d}A_1 u_1 \mathrm{d}t - p_2 \mathrm{d}A_2 u_2 \mathrm{d}t = \mathrm{d}Q \mathrm{d}t(p_1 - p_2) \tag{3-19}$$

对该系统使用动能定理得

$$\rho g \mathrm{d}Q \mathrm{d}t(z_1 - z_2) + \mathrm{d}Q \mathrm{d}t(p_1 - p_2) = \rho g \mathrm{d}Q \mathrm{d}t\left(\frac{u_2^{\,2}}{2g} - \frac{u_1^{\,2}}{2g}\right) \tag{3-20}$$

对式(3-20)化简、整理得

$$z_1 + \frac{p_1}{\rho g} + \frac{u_1^{\,2}}{2g} = z_2 + \frac{p_2}{\rho g} + \frac{u_2^{\,2}}{2g} \tag{3-21}$$

式(3-21)即为不可压缩理想液体恒定元流的能量方程。由于是瑞士科学家伯努利首先提出的,所以该方程又叫作理想液体恒定元流的伯努利方程。

下面来说明式(3-21)中各项的几何意义和物理意义。公式左、右两端的前两项的意义已经在水静力学中说明:在几何意义上它们分别表示位置水头和压强水头,它们的和为测压管水头;在物理意义上它们分别表示液体所具有的单位位能和单位压能,它们的和表示的是单位势能。方程中左、右两端的第三项的几何意义是流速水头,表示的是不考虑阻力的情况下,物体以速度 u 在铅垂方向上所能上升的高度;其物理意义是单位动能,也就是单位重量的液体所具有的动能。理想液体恒定元流的伯努利方程在几何意义上表示的是理想的运动液体其位置水头、压强水头和流速水头之和为一常数,水力学上将三者之和称为总水头;其物理意义表示的是单位势能、单位压能和单位动能之和为一常数,也就是单位重量的理想液体所具有的机械能守恒。从物理意义可以看出,理想液体运动的机械能可以相互转化,但是在转化的过程中,总的机械能守恒。

3.4.2 实际液体恒定元流的能量方程

与理想液体不同,实际的液体存在着黏滞性,所以在运动的过程中,液体要消耗能量来克服因为黏滞性而产生的摩擦力做功。所以,对于实际液体来说,运动的过程机械能会沿程减少。式(3-21)对于实际液体而言可变为

$$z_1 + \frac{p_1}{\rho g} + \frac{u_1^{\,2}}{2g} > z_2 + \frac{p_2}{\rho g} + \frac{u_2^{\,2}}{2g} \tag{3-22}$$

假定单位重量的实际液体从断面 1-1 流至断面 2-2 所损失的机械能为 h_w'，根据能量守恒定则，不可压缩的实际液体恒定元流的能量方程为

$$z_1 + \frac{p_1}{\rho g} + \frac{u_1^2}{2g} = z_2 + \frac{p_2}{\rho g} + \frac{u_2^2}{2g} + h_w' \tag{3-23}$$

3.4.3 实际液体恒定总流的能量方程

在实际工程中，研究的水流运动都是总流，所以要应用能量方程来解决实际问题，需要对元流能量方程在总流的过水断面上积分，从而得到实际液体的总流能量方程。

设元流的流量为 dQ，单位时间内通过该元流任一过水断面的液体质量为 $\rho g dQ$，将式 (3-23) 各项同乘以 $\rho g dQ$，可得元流能量守恒关系式为

$$\left(z_1 + \frac{p_1}{\rho g} + \frac{u_1^2}{2g} \right) \rho g dQ = \left(z_2 + \frac{p_2}{\rho g} + \frac{u_2^2}{2g} \right) \rho g dQ + h_w' \rho g dQ \tag{3-24}$$

根据元流的连续方程，$dQ = u_1 dA_1 = u_2 dA_2$。将其代入式 (3-23)，并对总流过水断面积分得

$$\int_{A_1} \left(z_1 + \frac{p_1}{\rho g} \right) \rho g u_1 dA_1 + \int_{A_1} \frac{u_1^3}{2g} \rho g dA_1 = \int_{A_2} \left(z_2 + \frac{p_2}{\rho g} \right) \rho g u_2 dA_2 + \int_{A_2} \frac{u_2^3}{2g} \rho g dA_2 + \int_Q h_w' \rho g dQ \tag{3-25}$$

式 (3-25) 中共含有三种类型的积分。

(1) 第一类积分为 $\int_A \left(z + \frac{p}{\rho g} \right) \rho g u dA$。如果所取的过水断面为均匀流或渐变流，那么在断面上 $\left(z + \frac{p}{\rho g} \right)$ 为常数，所以这类积分可写为

$$\int_A \left(z + \frac{p}{\rho g} \right) \rho g u dA = \left(z + \frac{p}{\rho g} \right) \rho g \int_A u dA = \left(z + \frac{p}{\rho g} \right) \rho g Q \tag{3-26}$$

(2) 第二类积分为 $\int_A \frac{u^3}{2g} \rho g dA$。该积分表示的是单位时间内通过总流过水断面的液体动能总和，因为过水断面上各点的流速不等，所以该项积分比较难求解。为了便于计算，用断面平均流速 v 来代替各点的流速 u，但是 $\int_A \frac{u^3}{2g} \rho g dA > \int_A \frac{v^3}{2g} \rho g dA$，所以需要乘以一个动能修正系数 α，才能将积分号内 u 换成 v，所以有

$$\int_A \frac{u^3}{2g} \rho g dA = \frac{\rho g}{2g} \alpha v^3 A = \rho g Q \frac{\alpha v^2}{2g} \tag{3-27}$$

式中，动能修正系数 α 的表达式为

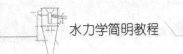

$$\alpha = \frac{\int_A u^3 dA}{v^3 A} \tag{3-28}$$

动能修正系数 α 的大小取决于过水断面上的流速分布情况，流速分布越不均匀，α 越大。对于渐变流，一般 $\alpha = 1.05 \sim 1.1$。为了便于计算，有时 α 取为 1。但是对于流速分布极不均匀的过水断面，α 最大值可达到 2。

(3) 第三类积分为 $\int_Q h_w' \rho g dQ$。假设 h_w 为单位重量的液体在过水断面间的平均能量损失，则第三类积分可以表示为

$$\int_Q h_w' \rho g dQ = h_w \rho g Q \tag{3-29}$$

综合以上几种积分，可以得出实际液体恒定总流的能量方程为

$$z_1 + \frac{p_1}{\rho g} + \frac{\alpha_1 v_1^2}{2g} = z_2 + \frac{p_2}{\rho g} + \frac{\alpha_2 v_2^2}{2g} + h_w \tag{3-30}$$

式(3-30)表达了总流单位能量的转化和守恒规律，也反映了总流中不同过水断面上的 $z + \frac{p}{\rho g}$ 与平均流速 v 的关系，是水力学应用最广泛的基本方程。

实际液体恒定总流的能量方程中，z 代表的是总流过水断面上单位重量液体所具有的平均位能或位置水头；$\frac{p}{\rho g}$ 代表的是总流过水断面上单位重量液体所具有的平均压能或压强水头；$\frac{\alpha v^2}{2g}$ 代表的是总流过水断面上单位重量液体所具有的平均动能或流速水头；h_w 代表的是单位重量液体从一个过水断面运动到另一个过水断面，克服阻力做功所损失的平均能量，也叫做水头损失。

如图 3-9 所示，$z + \frac{p}{\rho g}$ 表示的是测压管水头，描出各断面上的测压管水头值的点，并连接起来就得到了测压管水头线；而 $z + \frac{p}{\rho g} + \frac{\alpha v^2}{2g}$ 为总水头，描出各总水头值的点，并连接起来就得到了总水头线。

由能量方程可以看出，因为克服阻力做功，实际在运动的过程中总水头必然存在损失，所以实际液体的总水头线是一条下降的曲线。但是测压管水头在实际液体运动的过程中可能增加，也可能会减少，所以测压管水头线可能是上升曲线，也可能是下降曲线，甚至是一条直线。

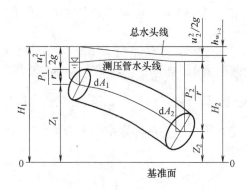

图 3-9 测压管水头与总水头

为了反映总水头线的沿程变化情况，这里引入水力坡度的概念。总水头线沿流程的降低值与流程的长度比，叫作总水头线坡度，也称为水力坡度，用符号 J 来表示，其表达式为

$$J = \frac{-\mathrm{d}H}{\mathrm{d}L} = \frac{\mathrm{d}h_\mathrm{w}}{\mathrm{d}L} \tag{3-31}$$

式(3-31)中的负号，是因为水头增量 $\mathrm{d}H$ 沿程负值，为使 J 为正值，所以取了负号。

在解决实际工程的过程中，实际液体恒定总流能量方程得到了广泛应用，但是应该注意到使用该方程所应该满足的条件，具体如下。

(1) 水流必须是恒定流，液体是均质且是不可压缩的。

(2) 作用于液体的质量力只有重力，所研究的液体边界是静止的，除了损失的能量外，两断面之间没有能量输入和输出。

(3) 所取的两个过水断面必须是均匀流或渐变流断面，但两断面之间的液流可以是急变流。

(4) 所取的两个过水断面是同一个总流，流量是沿程不变的。

如果在两个过水断面之间有外界能量的加入或内部流量的流出，则实际液体的恒定总流方程变为

$$z_1 + \frac{p_1}{\rho g} + \frac{\alpha_1 v_1^{2}}{2g} \pm h_\mathrm{p} = z_2 + \frac{p_2}{\rho g} + \frac{\alpha_2 v_2^{2}}{2g} + h_\mathrm{w} \tag{3-32}$$

式中，h_p 为两断面之间加入或支出的单位机械能，加入能量取正号，支出能量取负号。

例 3-2 如图 3-10 所示，用一水泵从蓄水池中抽水。已知水泵的抽水量 $Q=30\mathrm{m}^3/\mathrm{h}$，安

装高程 H_s=5m，吸水管的直径 d=150mm，水泵进口处中心点的真空值 p_v=52kN/m²，求吸水管的总水头损失 h_w。

解：取蓄水池的自由液面为 1-1 断面，也将其定为基准面，则该断面上平均流速 v_1=0，断面上的绝对压强 p_a 为大气压强，位置水头为 0；取水泵进水口处为 2-2 断面，则该断面上平均流速为 v_2，中心点的绝对压强为 p_2，位置水头为 H_s。

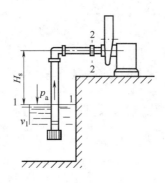

图 3-10　例 3-2 图

根据实际液体的恒定总流能量方程有

$$0 + \frac{p_a}{\rho g} + 0 = 5 + \frac{p_2}{\rho g} + \frac{\alpha_2 v_2^2}{2g} + h_w$$

所以吸水管的总水头损失为

$$h_w = \frac{p_a - p_2}{\rho g} - 5 - \frac{\alpha_2 v_2^2}{2g}$$

式中，$p_a - p_2 = p_v$=52kN/m²；α_2 取为 1；$v_2 = 4Q/\pi d^2$=0.472m/s；g 取为 10m/s²。

所以

$$h_w = \frac{52000}{10000} - 5 - \frac{0.472^2}{20} = 0.19\text{m(水柱)}$$

3.5　恒定总流动量方程

【学习目标】掌握恒定总流的动量方程，并学会应用三大基本方程来解决问题。

前面几节研究了水力学的连续方程和能量方程，应用它们可以解决很多工程上的问题。但是对于复杂的水流运动，特别是涉及分析水流和其固体边界之间的作用力等问题，应用动量方程来解决更加简便和直接。理论力学中提到质点系运动的动量定律为：质点系的动量在某一方向的变化，等于作用于该质点系上所有外力的冲量在同一方向上投影的代数和。

如图 3-11 所示，在恒定总流中任取一元流流段。经过 dt 时间后，该流段由 1-2 移至 1'-2' 位置，从而动量发生了变化，其大小为该流段液体在位置 1'-2' 的动量减去在位置 1-2 的动量，即

$$d\dot{\boldsymbol{K}} = \dot{\boldsymbol{K}}_{1'\text{-}2'} - \dot{\boldsymbol{K}}_{1\text{-}2} \tag{3-33}$$

而 $\dot{\boldsymbol{K}}_{1'\text{-}2'} = \dot{\boldsymbol{K}}_{1'\text{-}2} + \dot{\boldsymbol{K}}_{2\text{-}2'}$，$\dot{\boldsymbol{K}}_{1\text{-}2} = \dot{\boldsymbol{K}}_{1\text{-}1'} + \dot{\boldsymbol{K}}_{1'\text{-}2}$。液流为恒定流，经过 dt 时间后，在 1'-2 段内流体的动量不变。所以式(3-32)可变为

$$d\dot{\boldsymbol{K}} = \dot{\boldsymbol{K}}_{2\text{-}2'} - \dot{\boldsymbol{K}}_{1\text{-}1'} \tag{3-34}$$

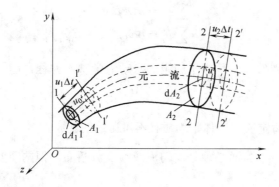

图 3-11 恒定总流中的任一元流流段

在总流中任取一束元流，其在 1-1 断面上的面积为 dA_1，在 2-2 断面上的面积为 dA_2，流速分别为 u_1 和 u_2，液体密度为 ρ。则 $\dot{\boldsymbol{K}}_{1\text{-}1'} = \rho u_1 dA_1 dt \dot{\boldsymbol{u}}_1$，$\dot{\boldsymbol{K}}_{2\text{-}2'} = \rho u_2 dA_2 dt \dot{\boldsymbol{u}}_2$，所以式(3-35)可写为

$$d\dot{\boldsymbol{K}} = \rho u_2 dA_2 dt \dot{\boldsymbol{u}}_2 - \rho u_1 dA_1 dt \dot{\boldsymbol{u}}_1 = \rho dQ dt (\dot{\boldsymbol{u}}_2 - \dot{\boldsymbol{u}}_1) \tag{3-35}$$

根据动量定理，可以得出元流的动量方程为

$$\sum d\dot{\boldsymbol{F}} = \frac{d\dot{\boldsymbol{F}}}{dt} = \rho dQ (\dot{\boldsymbol{u}}_2 - \dot{\boldsymbol{u}}_1) \tag{3-36}$$

式中，$\sum d\dot{\boldsymbol{F}}$ 为作用在所取的元流上的质量力和控制面上的面积力的矢量和。

为了得到总流的动量方程，需要对元流的动量方程在总流的过水断面上积分，即

$$\sum d\dot{\boldsymbol{K}} = \int_{A_2} \rho u_2 dt dA_2 \dot{\boldsymbol{u}}_2 - \int_{A_1} \rho u_1 dt dA_1 \dot{\boldsymbol{u}}_1 \tag{3-37}$$

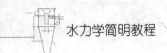

因为总流过水断面上的流速分布一般是未知的，所以在均匀流或渐变流断面上，通常会用平均流速 v 来代替点的流速 u，所造成的误差用动量修正系数 β 来修正，其表达式为

$$\beta = \frac{\int_A u^2 \mathrm{d}A}{v^2 A} = \frac{1}{A}\int_A \left(\frac{u}{v}\right)^2 \mathrm{d}A \tag{3-38}$$

式中，β 值的大小取决于过水断面的流速分布情况，流速分布越不均匀，β 值越大。对于均匀流和渐变流 $\beta = 1.02 \sim 1.05$。通常为了简化计算，取 $\beta = 1$。

所以恒定总流的动量方程为

$$\sum \dot{F} = \rho Q(\beta_2 v_2 - \beta_1 v_1) \tag{3-39}$$

在直角坐标系中，恒定总流的动量方程可以写成 3 个投影表达式，即

$$\left.\begin{array}{l} \sum F_x = \rho Q(\beta_2 v_{2x} - \beta_1 v_{1x}) \\ \sum F_y = \rho Q(\beta_2 v_{2y} - \beta_1 v_{1y}) \\ \sum F_z = \rho Q(\beta_2 v_{2z} - \beta_1 v_{1z}) \end{array}\right\} \tag{3-40}$$

恒定总流动量方程作为一种广泛应用的水动力学基本方程，应用其解决问题时应该注意到该方程的应用条件，具体如下。

(1) 水流必须是恒定流，液体是均质且不可压缩的。

(2) 所取的两个过水断面必须是均匀流或渐变流断面，但两断面之间的液流可以是急变流。

下面将通过具体实例来介绍恒定总流动量方程的应用。

例 3-3 如图 3-12 所示，有一变直径弯管水平放置在支座上，其两端与等直径的直管于 1-1 面和 2-2 面相连接。已知 1-1 面的压强为 40kN/m²，管中流量 $Q=0.15\text{m}^3/\text{s}$，管径 $d_1=200\text{mm}$，$d_2=150\text{mm}$，转角 $\theta=60°$。如果忽略弯管的水头损失，求支座对弯管的支座反力。

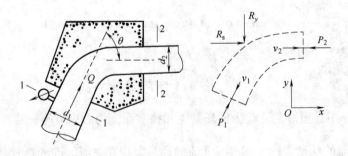

图 3-12 例 3-3 图

解：由连续性方程可以求得两个断面的流速为

$$v_1 = Q/A_1 = 4Q/\pi d_1^2 = 4 \times 0.15/(3.14 \times 0.2^2) = 4.78(\text{m/s})$$

$$v_2 = Q/A_2 = 4Q/\pi d_2^2 = 4 \times 0.15/(3.14 \times 0.15^2) = 8.49(\text{m/s})$$

由能量方程可以求得断面 2-2 的动水压力，以水平面为基准面，则两断面具有相同的位置水头，$z_1 = z_2$；忽略弯管的水头损失，则 $h_w = 0$；取两断面的动能修正系数 $\alpha_1 = \alpha_2 = 1$，有

$$z_1 + \frac{p_1}{\rho g} + \frac{\alpha_1 v_1^2}{2g} = z_2 + \frac{p_2}{\rho g} + \frac{\alpha_2 v_2^2}{2g} + h_w$$

所以

$$p_2 = \rho g(p_1/\rho g + v_1^2/2g - v_2^2/2g) = 10(40/10 + 4.78^2/20 - 8.49^2/20) = 15.38(\text{kN/m}^2)$$

取出断面 1-1 和 2-2 之间的流段为隔离体，建立如图 3-12 所示的水平坐标系 xOy。该隔离体收到了 1-1 断面压力 $P_1 = p_1 A_1 = 1.26\text{kN}$，$P_2 = p_2 A_2 = 0.27\text{kN}$，支座对其的约束反力 R_x 和 R_y 以及水体的重量 G。其中，重力 G 与该坐标系垂直，也就是在该坐标系平面上投影为 0。所以该隔离体应用动量方程具体如下。

沿 x 方向的动量方程为

$$P_1 \cos\theta - P_2 + R_x = \rho Q(\beta_2 v_2 - \beta_1 v_1 \cos\theta)$$

如果取 $\beta_1 = \beta_2 = 1$，则

$$R_x = 1 \times 0.15(8.49 - 4.78 \times 0.5) + 0.27 - 1.26 \times 0.5 = 0.92 + 0.27 + 0.63 = 1.82 \text{ (kN)}$$

沿 y 方向的动量方程为

$$P_1 \sin\theta - R_y = \rho Q(0 - \beta_1 v_1 \sin\theta)$$

所以有

$$R_y = 1.26 \times 0.87 - 1 \times 0.15(0 - 4.78 \times 0.87) = 1.1 + 0.62 = 1.72(\text{kN})$$

所以支座对水流的作用力为

$$R = \sqrt{R_x^2 + R_y^2} = 2.5(\text{kN})$$

方向角为

$$\alpha = \arctan R_y/R_x = 43.38°$$

本章小结

本章介绍了两种描述液体运动的方法——拉格朗日法和欧拉法，并由欧拉法出发，建立

描述流场的几个基本概念。再从运动学和动力学出发，建立液体运动所遵循的普遍规律。即从质量守恒定律建立水流的连续方程，从能量守恒定律建立水流的能量方程，从动量定理建立水流的动量方程，研究了它们在水力问题和工程中的应用。恒定总流的三大方程是接下来研究水力学问题的基本方程。

习题

3-1 已知流速场 $u_x = 3x$，$u_y = 3y$，$u_z = -4t$，试写出速度矢量 $\boldsymbol{u}$ 的表达式，并求出当地加速度、迁移加速度和随体加速度。

3-2 检验 $u_x = x^2 + y + z$，$u_y = x + y^2 + z$，$u_z = -2(x+y)z + x^3 y^2$ 不可压缩流体运动是否存在。

3-3 如图 3-13 所示，以平均速度 $v = 0.25\text{m/s}$ 流入直径为 $D = 4\text{cm}$ 的排孔管中的液体，全部经 8 个直径 $d = 2\text{mm}$ 的排孔流出，假定每孔出流速度依次降低 5%，试求第一孔与第八孔的出流速度各为多少。

3-4 在如图 3-14 所示的管流中，过流断面上各点流速按抛物线方程 $u = u_{\max}\left[1 - \left(\dfrac{r}{r_0}\right)^2\right]$

对称分布，式中管道半径 $r_0 = 5\text{cm}$，管轴上最大流速 $u_{\max} = 0.25\text{m/s}$，试求总流量 Q 与断面平均流速 v。

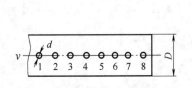

图 3-13 题 3-3 图

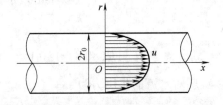

图 3-14 题 3-4 图

3-5 如图 3-15 所示，有一底坡非常陡的渠道，假定其内的水流为均匀恒定流，设 A 点距水面的铅直水深为 5m。若以 B 点所在水平面为基准面，求 A 点的位置水头、压强水头和测压管水头。

3-6 如图 3-16 所示，某河道在某处分为外江和内江，外江设有溢流坝。已知上游河道

流量 Q=2500m³/s，通过溢流坝段的流量 Q_1=650m³/s，内江过水断面的面积 A=750m²。求内江的流量和断面平均流速。

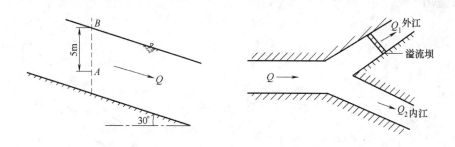

图 3-15 题 3-5 图　　　　　　　　图 3-16 题 3-6 图

3-7 如图 3-17 所示，水流从水箱流出，经过直径分别为 d_1=10cm，d_2=5cm 的管道，在 C 处流出。已知出口流速为 2m/s，求 AB 管段的断面平均流速。

3-8 利用皮托管原理测量输水管中的流量，如图 3-18 所示。已知输水管直径 d=250mm，测得水银差压计读数 h_p=50mm，若此时断面平均流速 v=0.8u_{max}，这里 u_{max} 为皮托管前管轴上未受扰动水流的流速，问输水管中的流量 Q 为多大？

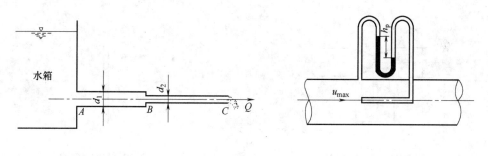

图 3-17 题 3-7 图　　　　　　　　图 3-18 题 3-8 图

3-9 图 3-19 所示管路由两根不同直径的管子与一渐变连接管组成。已知 d_A=150mm，d_B=300mm，A 点相对压强 p_A=60kPa，B 点相对压强 p_B=30kPa，B 点的断面平均流速 v_B=1.5m/s，A、B 两点高差 Δz=1.8m。试判断流动方向，并计算两断面间的水头损失 h_w。

3-10 有一渐变输水管段，与水平面的倾角为 45°，如图 3-20 所示。已知管径 d_1=300mm，d_2=150mm，两断面的间距 l=3m。若 1-1 断面处的流速 v_1=3m/s，水银差压计读数 h_p=25cm，试判别流动方向，并计算两断面间的水头损失 h_w 和压强差 p_1-p_2。

3-11 已知图 3-21 所示水平管路中的流量 q_v=2.4L/s，直径 d_1=49mm，d_2=24mm 压力表读数为 10kPa，若水头损失忽略不计，试求连接于该管收缩断面上的水管可将水从容器内吸上的高度 h。

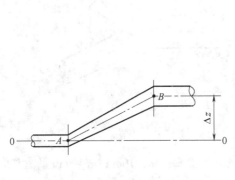

图 3-19　题 3-9 图

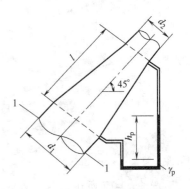

图 3-20　题 3-10 图

3-12 如图 3-22 所示，水平方向射流的流量 Q=34L/s，流速 v=28m/s，受垂直于射流轴线方向的平板的阻挡，截去流量 Q_1=10L/s，并引起射流其余部分偏转。不计射流在平板上的阻力，试求射流的偏转角及对平板的作用力。

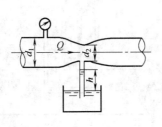

图 3-21　题 3-11 图

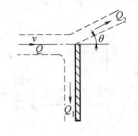

图 3-22　题 3-12 图

3-13 如图 3-23 所示，水自喷嘴射向一与其交角成 60° 的光滑平板。若喷嘴出口直径 d=20mm，喷射流量 Q=30L/s，试求射流沿平板的分流流量 Q_1、Q_2 以及射流对平板的作用力 F。假定水头损失可忽略不计。

3-14 如图 3-24 所示，在水平放置的输水管道中，有一个转角 $\alpha = 45°$ 的变直径弯头，已知上游管道直径 $d_1 = 400\text{mm}$，下游管道直径 $d_2 = 200\text{mm}$，流量 $Q_v = 0.3\ \text{m}^3/\text{s}$，压强 $p_1 = 80\text{kPa}$，求水流对这段弯头的作用力，不计损失。

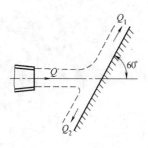

图 3-23 题 3-13 图

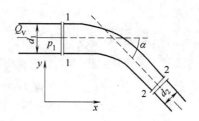

图 3-24 题 3-14 图

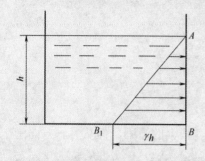

第 4 章

水流形态与水头损失

本章要点

- 水流的流态及流态判别。
- 水头损失的成因、分类及水头损失计算。
- 均匀流动基本方程。
- 沿程阻力系数变化规律。

技能目标

- 能正确进行流态判别。
- 能熟练掌握层流切应力分布。
- 能熟练掌握水头损失的分类。
- 能熟练掌握沿程水头损失和局部水头损失的计算。

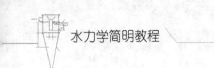
4.1　水的层流运动与紊流运动

【学习目标】 了解水流边界对水头损失的影响,熟悉水头损失的分类,掌握水流流态判别,掌握层流切应力的计算。

4.1.1　水流边界性质对水头损失的影响

黏滞性的存在是液流水头损失产生的根源,是内在的、根本的原因。但从另一方面考虑,液流总是在一定的固体边界下流动的,固体边界的沿程急剧变化,必然导致主流脱离边壁,并在脱离处产生旋涡。旋涡的存在意味着液体质点之间的摩擦和碰撞加剧,这显然要引起另外的较大的水头损失。因此,必须根据固体边界沿程变化情况对水头损失进行分类。

水流横向边界对水头损失的影响:横向固体边界的形状和大小可用过水断面面积 A 与湿周 χ(液体与固体边壁接触的周界线长)来表示。湿周是指水流与固体边界接触的周界长度。湿周 χ 不同,产生的水流阻力不同。例如,两个不同形状的断面,一个是正方形,另一个是扁长矩形,两者的过水断面面积 A 相同,水流条件相同,但扁长矩形渠槽的湿周 χ 较大,故所受阻力大,水头损失也大。如果两个过水断面的湿周 χ 相同,但面积 A 不同,通过同样的流量 Q,水流阻力及水头损失也不相等。所以单纯用 A 或 χ 来表示水力特征并不全面,只有将两者结合起来才比较全面,为此引入水力半径的概念。

水力学中习惯上称 $R = \dfrac{A}{\chi}$ 为水力半径,它是反映过水断面形状尺寸的一个重要的水力要素。

水流边界纵向轮廓对水头损失的影响:纵向轮廓不同的水流可能发生均匀流与非均匀流,其水头损失也不相同(加上棱柱形渠道等)。

除了水流边界的几何形状对水流阻力产生影响外,与水流接触的固体边壁的粗糙程度对水流阻力的影响也较大。

4.1.2　水头损失分类

水头损失是指单位重量的水或其他液体在流动过程中因克服水流阻力做功而损失的机械能，具有长度因次，可分为沿程水头损失及局部水头损失两类。

边界形状和尺寸沿程不变或变化缓慢时的水头损失称为沿程水头损失，以 h_f 表示，简称沿程水头损失。边界形状和尺寸沿程急剧变化时的水头损失称为局部水头损失，以 h_j 表示，简称局部损失。从水流分类的角度来说，沿程损失可以理解为均匀流和渐变流情况下的水头损失，而局部损失则可理解为急变流情况下的水头损失。

以上根据水流边界情况(外界条件)对水头损失所做的分类，丝毫不意味着沿程损失和局部损失在物理本质上有什么不同。不论是沿程水头损失还是局部水头损失，都是由于黏滞性引起内摩擦力做功消耗机械能而产生的。若水流是没有黏滞性的理想液体，则不论边界怎样急剧变化，引起的也只是流线间距和方向的变化，机械能之间的相互转化，绝不可能出现水头损失。

事实上，这样来划分水头损失，反映了人们利用水流规律来解决实践问题的经验，给生产实践带来了很大的方便。例如，各种水工建筑物、各种水力机械、管道及其附件等，都可以事先用科学实验的方法测定它的沿程水头损失和局部水头损失，为后来的设计和运行管理提供必要的数据。

在实践中，沿程损失和局部损失往往是不可分割、互相影响的，因此，在计算水头损失时要做这样一些简化处理：①沿流程如果有几处局部水头损失，只要不是相距太近，就可以把它们分别计算；②边界局部变化处，对沿程水头损失的影响不单独计算，假定局部损失集中产生在边界突变的一个断面上，该断面的上游段和下游段的水头损失仍然只考虑沿程损失，即将两者看成互不影响、单独产生的。这样一来，沿流程的总水头损失(以 h_w 表示)就是该流段上所有沿程损失和局部损失之和，即

$$h_w = \sum h_f + \sum h_j \tag{4-1}$$

至此可以得出结论，产生水头损失必须具备两个条件：①液体具有黏滞性(内因)；②固体边界的影响，液体质点之间产生了相对运动(外因)。

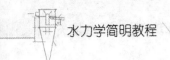

4.1.3 雷诺实验

1883 年，英国科学家雷诺(Reynolds)发表了关于研究液体运动类型的实验结果，发现液体在流动中存在两种内部结构完全不同的流态，即层流和紊流。揭示了水流内部结构与水头损失的规律。为了阐明液体流动的两种流态，了解其特性，本小节详细叙述雷诺实验过程及实验结果。

1. 实验原理

图 4-1 所示为雷诺实验装置示意图。它由能保持恒定水位的水箱、试验管道及能注入有色液体的部分等组成。实验时，只要微微开启出水阀，并打开有色液体盒连接管上的小阀，色液即可流入圆管中，显示出层流或紊流状态。供水流量由无级调速器调控，使颜色水瓶 6 始终保持微溢流的程度，以提高进口前水体稳定度。本恒压水箱还设有多道稳水隔板，可使稳水时间缩短到 3～5min。有色水经细管 5 注入玻璃管 2，可依据有色水散开与否判别流态。

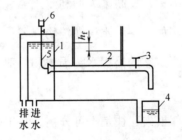

图 4-1　雷诺实验装置

1—水箱；2—玻璃管；3—阀门；4—量筒；5—细管；6—颜色水瓶

使玻璃管中的有色液体呈一条直线，此时水流即为层流。此时用体积法测定玻璃管中过流量；慢慢加大泄水阀开度，观察有色液体的变化，在某一开度时，有色液体由直线变成波状形。再用体积法测定玻璃管中过流量；继续逐渐开大泄水阀开度，使有色液体由波状形变成微小涡体扩散到整个玻璃管内，此时玻璃管中即为紊流，并用体积法测定玻璃管中过流量；以相反程序，即泄水阀开度从大逐渐关小，再观察玻璃管中流态的变化现象，并用体积法测定玻璃管中过流量。

实验开始时，开启电流开关向水箱充水，使水箱保持溢流；微微开启泄水阀及有色液体盒出水阀，使有色液体流入玻璃管中；调节泄水阀，使玻璃管 2 中的水流速度较低时，如拧开颜色水瓶 6 下的阀门，便可看到一条明晰的、细的着色流束，此流束不与周围的水相混，如图 4-2(a)所示。如果将细管 5 的出口移至玻璃管 2 进口的其他位置，看到的仍然是一条明晰的细着色流束。由此可以判断，玻璃管 2 内的整个流场呈一簇互相平行的流线，这种流动状态称为层流(或片流)。当玻璃管 2 内的流速逐渐增大时，开始着色流束仍呈清晰的细线，当流速增大到一定数值，着色流束开始振荡，处于不稳定状态，如图 4-2 (b)所示。如果流速再稍增加，振荡的流束便会突然破裂，着色流束在进口段的一定距离内完全消失，与周围的流体相混，颜色扩散至整个玻璃管内，如图 4-2(c)所示。这时流体质点做复杂的无规则的运动，这种流动状态称为湍流(或紊流)。

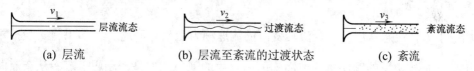

(a) 层流　　　　　　(b) 层流至紊流的过渡状态　　　　　(c) 紊流

图 4-2　雷诺实验显示的流动状态

2. 沿程水头损失与速度的关系

为了研究不同流态沿程水头损失的规律，在实验仪器管道中安装测压管，列两个测压管断面能量方程为

$$z_1 + \frac{p_1}{\rho g} + \frac{\alpha_1 v_1^2}{2g} = z_2 + \frac{p_2}{\rho g} + \frac{\alpha_2 v_2^2}{2g} + h_w \tag{4-2}$$

因为是等径管，$\dfrac{\alpha_1 v_1^2}{2g} = \dfrac{\alpha_2 v_2^2}{2g}$。两测压管之间，管道水流为均匀流，无局部水头损失，$h_w = h_f$。

所以有

$$h_f = \left(z_1 + \frac{p_1}{\rho g}\right) - \left(z_2 + \frac{p_2}{\rho g}\right) \tag{4-3}$$

即两测压管水头的差值就是两个断面之间的沿程水头损失。因此，每改变一次管道流速 v，即可测得相应的沿程水头损失 h_f。将测得的结果绘制成曲线，在双对数纸上以 v 为横坐标，h_f 为纵坐标，绘制 $\lg v \sim \lg h_f$ 曲线，如图 4-3 所示。

同时也发现，层流的沿程水头损失 h_f 与流速一次方成正比，紊流的 h_f 与流速的 1.75～

2.0 次方成正比；在层流与紊流之间存在过渡区，h_f 与流速的变化规律不明确。

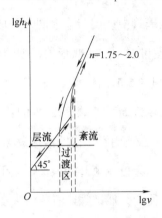

图 4-3　雷诺实验数据曲线

3. 流态判别

相应于液体流态从层流向紊流转变时的流速称为上临界流速 v_k'。如果将实验按相反的顺序进行，则按相反的顺序重演前面实验中发生的现象。但是，相应于流态从紊流向层流转变时的流速 v_k(称为下临界流速)小于由层流向紊流转变的流速 v_k'。实验资料表明，上临界流速 v_k' 与实验操作和外界干扰有很大关系，一般不稳定。而下临界流速 v_k 比较稳定，可以作为判别流态的标准。但下临界流速 v_k 的值不是固定的，它与流速、过水断面的形态与尺寸、液体的黏滞系数和密度等有关。雷诺实验发现，对于圆管，可以用一个无量纲量来判别流态。这个无量纲量称为雷诺数，用符号 Re 表示，表达式为

$$Re = \frac{\rho v d}{\mu} = \frac{v d}{\nu} \tag{4-4}$$

式中，ρ 为液体密度；v 为圆管断面平均流速；d 为圆管内直径；μ 为动力黏滞系数；ν 为运动黏滞系数。

实验得到圆管流动的下临界雷诺数为

$$Re_k = 2300 \tag{4-5}$$

因此，当圆管中雷诺数 $Re < Re_k = 2300$ 时，圆管中液体流态为层流；当圆管中雷诺数 $Re < Re_k = 2300$ 时，圆管中液体流态为紊流。

对于明渠及天然河道，有

$$Re = \frac{vR}{\nu} \tag{4-6}$$

式中，R 为水力半径，$R = \dfrac{A}{\chi}$；χ 为湿周，A 为过水断面面积。

当明渠中水流雷诺数 $Re < Re_k = 580$ 时，管中液体流态为层流；当管中雷诺数 $Re > Re_k = 580$ 时，明渠中水流流态为紊流。

例 4-1　一梯形断面的田间排水沟如图 4-4 所示，已知底宽 $b=50\text{cm}$，边坡系数 $m=1.5$，水温 $t=20℃$，水深 $h=30\text{cm}$，流速 $v=15\text{cm/s}$。①试判别流态；②如果水温及水深保持不变，流速减小到多大时变为层流？

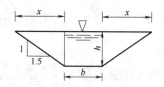

图 4-4　一梯形断面的田间排水沟

解：

(1)　已知水温为 20℃时，$\nu = 0.01007\text{cm}^2/\text{s}$，水深 $h=30\text{cm}$，则

渠道顶宽为 $B = b + 2mh = 50 + 2 \times 45 = 140(\text{cm})$

湿周为 $\chi = b + 2\sqrt{(mh)^2 + h^2} = 50 + 2\sqrt{45^2 + 40^2} = 170.42(\text{cm})$

过水断面面积为 $A = \dfrac{1}{2}(B + b)h = \dfrac{1}{2}(140 + 50) \times 40 = 3800(\text{cm}^2)$

水力半径为 $R = \dfrac{A}{\chi} = \dfrac{3800}{170.42} = 22.30(\text{cm})$

雷诺数为 $Re = \dfrac{vR}{\nu} = \dfrac{15 \times 22.30}{0.01007} = 33217.48$

因为梯形渠道中的雷诺数 $Re > Re_k = 580$，所以梯形明渠中的水流流动形态为紊流。

(2)　使梯形渠道中的水流流动形态保持层流状态，只需要

$$\frac{vR}{\nu} \leqslant 500$$

由此得　$v \leqslant 500\nu / R = 500 \times 0.01007 / 22.30 = 0.23(\text{cm/s})$。

4.2　圆管层流沿程水头损失

【学习目标】 了解均匀流动方程式的推导过程，熟悉圆管层流过流断面上均匀流动方程式，掌握圆管层流切应力分布、流速分布及沿程水头损失的计算。

4.2.1 均匀流动方程式

当圆管的断面沿程不变且处于顺直情况时，当中的水流属于均匀流。沿程阻力(均匀流内部流层间的切应力)是造成沿程水头损失的直接原因，建立沿程水头损失和切应力的关系式，得出切应力的变化规律，从而解决沿程水头损失的计算问题。

截取圆管均匀流中的一段(图 4-5)为隔离体来进行分析。从形式上，把动力学问题转化为静力学问题。对隔离体进行受力分析。受到的力有以下几个。

(1) 动水压力。

两个过水断面上的动水压力因为在同一平面上，所以存在 $z + p/\rho g = C$，则动水压强的分布规律与静水压强的分布规律相同。假设 1-1 过水断面和 2-2 过水断面的动水压强分别为 p_1 和 p_2，则作用在 1-1 过水断面和 2-2 过水断面的动水压力分别为 $P_1 = p_1 A_1$，$P_2 = p_2 A_2$，方向垂直指向受压面。而作用在管流侧面的动水压力方向与流速方向垂直。

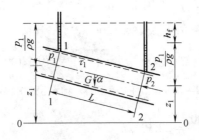

图 4-5　圆管均匀流

(2) 重力。

重力大小为 $G = \gamma A L$，其中 A 为过水断面面积，作用力的方向铅直向下。重力沿水流方向的分力为

$$G\cos\alpha = \gamma A L \cos\alpha = \gamma A L \frac{z_1 - z_2}{L} = \gamma A(z_1 - z_2) \tag{4-7}$$

(3) 摩擦力。

作用在侧面的摩擦力的大小为 $T = \tau_0 \chi L$，其中，τ_0 为切应力，χ 为湿周。作用力的方向与水流方向相反。

因为该管流是恒定均匀流，没有加速度，处于静力平衡状态，列出流动方向的平衡方程式为

$$P_1 - P_2 + G\cos\alpha - T = 0 \tag{4-8}$$

即

$$p_1 A_1 - p_2 A_2 + \gamma A(z_1 - z_2) - \tau_0 \chi L = 0 \tag{4-9}$$

用 γAL 去除式(4-9)各项，并整理可得

$$\frac{\left(z_1 + \dfrac{p_1}{\rho g}\right) - \left(z_2 + \dfrac{p_2}{\rho g}\right)}{L} = \frac{\tau_0}{\gamma}\frac{1}{R} \tag{4-10}$$

以 0-0 为基准面，列 1-1 断面和 2-2 断面的总流能量方程为

$$z_1 + \frac{p_1}{\rho g} + \frac{\alpha_1 v_1^2}{2g} = z_2 + \frac{p_2}{\rho g} + \frac{\alpha_2 v_2^2}{2g} + h_{\mathrm{w}} \tag{4-11}$$

因为是均匀流，$\dfrac{\alpha_1 v_1^2}{2g} = \dfrac{\alpha_2 v_2^2}{2g}$，$h_{\mathrm{w}} = h_{\mathrm{f}}$。

所以，

$$h_{\mathrm{f}} = \left(z_1 + \frac{p_1}{\rho g}\right) - \left(z_2 + \frac{p_2}{\rho g}\right) \tag{4-12}$$

将式(4-12)代入式(4-10)得

$$\frac{h_{\mathrm{f}}}{L} = \frac{\tau_0}{\gamma}\frac{1}{R} \text{ 或 } h_{\mathrm{f}} = \frac{\tau_0}{\gamma}\frac{L}{R} \tag{4-13}$$

而水力坡降 $J = \dfrac{h_{\mathrm{f}}}{L}$，则

$$\tau_0 = J\gamma R \tag{4-14}$$

由于水力半径 $R = \dfrac{r_0}{2}$（r_0 为圆管半径），则式(4-14)可以写成

$$\tau_0 = J\gamma\frac{r_0}{2} \tag{4-15}$$

式(4-13)及式(4-14)即为均匀流动方程式，表示沿程水头损失和切应力的关系。对于无压均匀流，按照上述的步骤同样可以推导出流动方向的平衡方程式，结果同式(4-13)及式(4-14)。所以，方程对于有压流和无压流、层流和紊流都适用。

4.2.2　圆管层流过流断面上的切应力分布

取图 4-5 所示的圆管，轴线与管轴重合，半径为 r 的流束，用推导式(4-13)及式(4-14)的方法得到圆管过流断面上的切应力方程，即

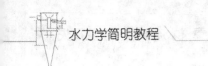

$$\tau = J'\rho g R' \tag{4-16}$$

式中，ρ 为液体密度；R' 为半径为 r 的流束的水力半径；J' 为半径为 r 的流束的水力坡降，与总流的水力坡降 J 相等，即 $J' = J$。

由 $R' = \dfrac{r}{2}$ 及 $J' = J$，将式(4-16)整理为

$$\tau = J\rho g \frac{r}{2} \tag{4-17}$$

将式(4-15)和式(4-17)两式相除，得

$$\tau = \frac{r}{r_0}\tau_0 \tag{4-18}$$

式(4-18)表明圆管过流断面上的切应力呈直线分布，在管轴处，$r = 0, \tau = 0$；在管壁处，$r = r_0, \tau = \tau_0$。

设管壁至任一圆筒液层的距离为 y，则圆管切应力的分布为

$$\tau = (1 - y/r_0)\tau_0$$

对于二元明渠恒定均匀流，设其水深为 h，距渠底任一点的水深为 y，切应力公式为

$$\tau = (1 - y/h)\tau_0$$

可见，不论是管道恒定均匀流还是明渠恒定均匀流，过水断面上的切应力均呈直线分布。

4.2.3　圆管层流过流断面上的流速分布

为了求得圆管层流过流断面上的流速分布，可应用牛顿内摩擦定律 $\tau = -\mu\dfrac{\mathrm{d}u}{\mathrm{d}r}$，代入式(4-17)中，并分离变量，得到过流断面流速微分方程为

$$\mathrm{d}u = -\frac{\rho g}{\mu}\frac{J}{2}r\mathrm{d}r \tag{4-19}$$

对式(4-19)求积分，得到过水断面的流速分布方程为

$$u = -\frac{\rho g J}{4\mu}r^2 + C \tag{4-20}$$

式中，C 为积分常数，可由边界条件确定。在管壁处，$r = r_0, u = 0$。代入式(4-20)得积分常数 $C = \dfrac{\rho g J}{4\mu}r_0$。将常数 C 值回代入式(4-20)，得

$$u = \frac{\rho g J}{4\mu}(r_0^2 - r^2) \qquad (4\text{-}21)$$

式(4-21)是过水断面的流速分布方程，该方程是一抛物线方程，如图 4-6 所示。

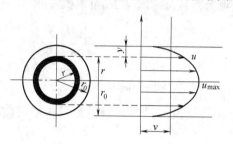

图 4-6　圆管层流流速分布

从图 4-6 中可以看出，管轴线上的流速最大，管壁处的深度为零。取 $r = 0$，得轴线处最大流速为

$$u_{\max} = \frac{\rho g J r_0^2}{4\mu} = \frac{\rho g J}{16\mu} d_0^2 \qquad (4\text{-}22)$$

式中，d_0 为圆管直径。

圆管层流的流量为

$$Q = \int_A u \mathrm{d}A = \int_0^{r_0} \frac{\rho g J}{4\mu}(r_0^2 - r^2) 2\pi r \mathrm{d}r = \frac{\rho g J}{128\mu} d_0^4 \qquad (4\text{-}23)$$

圆管层流断面平均流速为

$$v = \frac{Q}{A} = \frac{\rho g J}{128\mu} d_0^4 \Big/ \frac{\pi}{4} d_0^2 = \frac{\rho g J}{32\mu} d_0^2 = \frac{1}{2} u_{\max} \qquad (4\text{-}24)$$

式(4-24)说明，圆管层流最大流速是断面平均流速的 2 倍。

4.2.4　圆管层流沿程水头损失的计算

将 $J = \dfrac{h_\mathrm{f}}{L}$，$v = \dfrac{\mu}{\rho}$ 代入式(4-24)，可求得沿程水头损失为

$$h_\mathrm{f} = \frac{32\mu L v}{\rho g d_0^2} \qquad (4\text{-}25)$$

从式(4-25)可以得出结论：圆管层流的沿程水头损失与断面平均流速的一次方成正比，这一结论与雷诺实验中所得的结论完全一致。

将式(4-25)进一步变换，可得

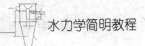

$$h_f = \frac{32\mu L v}{\rho g d_0^2} = \frac{64}{\frac{v d_0}{\nu}} \frac{L}{d} \frac{v^2}{2g} = \frac{64}{Re} \frac{L}{d} \frac{v^2}{2g} \tag{4-26}$$

令 $\lambda = \dfrac{64}{Re}$，称为沿程阻力系数，则式(4-26)可以改写成

$$h_f = \lambda \frac{L}{d} \frac{v^2}{2g} \tag{4-27}$$

式(4-27)是计算圆管层流沿程水头损失的常用基本公式，称为维斯巴赫—达西公式。

从 $\lambda = \dfrac{64}{Re}$ 可以看出，圆管层流的沿程阻力系数只和雷诺数有关，与管道的粗糙程度无关。

但是不要误认为沿程水头损失与速度的平方成比例。而对于紊流而言，λ 需要根据试验确定。

对于非圆管，有

$$h_f = \lambda \frac{L}{4R} \frac{V^2}{2g} \tag{4-28}$$

例 4-2 某输水管道，管径 100mm，管长 500m，运动黏滞系数 $\nu = 0.18\text{cm}^2/\text{s}$，水流流速 5.5cm/s，并且做层流运动。求：(1)管道中心处的最大流速；(2)距离管道中心 20mm 处的流速；(3)沿程阻力系数 λ；(4)管壁处切应力及沿程水头损失。

解：(1) 管道中心处的最大流速

$$u_{max} = 2v = 2 \times 5.5 = 11.0(\text{cm/s})$$

(2) 距离管道中心 20mm 处的流速

将式 $u = \dfrac{\rho g J}{4\mu}(r_0^2 - r^2)$ 改写成 $u = u_{max} - Kr^2$，当 $r = 50\text{mm}$ 时，$u = 0$，可得 $K = 0.0044$，

则当 $r = 20\text{mm}$ 时，$u = 12.7 - 0.0044(20)^2 = 9.24\text{cm/s}$。

(3) 沿程阻力系数 λ

雷诺数 $Re = \dfrac{vd}{\nu} = 10 \times \dfrac{5.5}{0.18} = 306 < 2300$(层流)

则沿程阻力系数 $\lambda = \dfrac{64}{Re} = \dfrac{64}{303} = 0.21$

(4) 管壁处切应力及沿程水头损失

沿程水头损失 $h_f = \lambda \dfrac{L}{d} \dfrac{v^2}{2g} = 0.21 \times \dfrac{500}{0.1} \times \dfrac{0.055^2}{19.60} = 0.16(\text{m})$

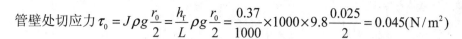

管壁处切应力 $\tau_0 = J\rho g \dfrac{r_0}{2} = \dfrac{h_f}{L}\rho g \dfrac{r_0}{2} = \dfrac{0.37}{1000}\times 1000\times 9.8\dfrac{0.025}{2} = 0.045(\text{N}/\text{m}^2)$

4.3 紊流的沿程水头损失

【学习目标】 了解紊流的特征,掌握紊流沿程水头损失的计算以及沿程阻力系数的变化规律。

4.3.1 紊流的特征

当雷诺数超过临界雷诺数之后,流动就成为紊流。在紊流中,黏滞性作用已经削弱,而惯性力作用则不能忽略了。自然界和实际工程中的流体运动,绝大多数都是紊流。紊流运动对于流场中的速度、压力、温度和物质浓度的分布,起着决定性的影响作用。由于紊流现象的复杂性,紊流运动以及与之相联系的质量、动量和能量输运现象都极难描述,而且也几乎不可能进行解析预测。由于计算机储存能力和运算速度的限制,当前即使是通过数值计算方法来研究工程紊流问题,也不可避免地要对紊流动动输运过程提出各种假设。采用一些经验性的结果和假设,把紊流动动输运过程中的各种物理量与时均流场建立联系,构成紊流模式理论的基本内容。

研究紊流主要有两种理论,即统计理论和半经验理论。统计理论是采用数理统计的方法着重研究水流的脉动结构;半经验理论是在某些假定的基础上,研究时均流动规律。本小节只介绍紊流的一些基本问题。

1. 紊流运动的时均化

当水流由层流转变为紊流时,液体质点的瞬时运动要素都随时间在不断地变化,这种现象称为紊流运动要素的"脉动"现象。但是,实测资料表明,在流量不变的情况下,在一个足够长的时间段 T 内,无论瞬时速度 u_x 如何变化, u_x 的值总是在围绕某一平均值的上下不断变化(图 4-7)。这个平均值称为时间平均流速,简称时均流速,用 $\bar{u}_x$ 表示,则

$$\bar{u}_x = \frac{1}{T}\int_0^T u_x(t)\mathrm{d}t \tag{4-29}$$

式中, u_x 为液体质点瞬时流速在 x 方向的分量; T 为足够长的时间间隔。

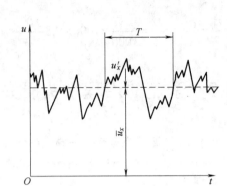

图 4-7　紊流运动要素的脉动

任何瞬时值和平均值是有一个差值的，这个差值可能比平均值大，也可能比平均值小。这个差值称为脉动值。把紊流的运动看作是由两个流动叠加而成，一个是时间平均流动，另一个是脉动流动，则

$$u_x = \overline{u}_x + u'_x \tag{4-30}$$

式中，u_x 为瞬时流速；$\overline{u}_x$ 为时均流速；u'_x 为脉动流速。

紊流的其他运动要素也可以用类似的方法进行叠加。紊流时各运动要素时间平均的这种规律性的存在，给研究紊流带来了很大的方便。建立时均值概念后，前几章的概念，如恒定流、均匀流等定义和分析液体运动规律的方法，对紊流仍适用。例如，对于紊流来说，恒定流是指时间平均的运动要素不随时间而变化的液流；非恒定流是指时间平均的运动要素随时间而变化的液流。

2. 紊流附加切应力

按时均化方法将紊流运动分成时均流动和脉动流动的叠加，相应的紊流切应力也由两部分组成：一部分是因时均化相邻流层间相对运动而产生的黏滞切应力 τ_1，符合牛顿内摩擦定律；另一部分是根据普朗特的动量传递半经验理论，由液体质点脉动相互掺混而引起的附加切应力 τ_2。因此紊流的全部切应力为

$$\tau = \tau_1 + \tau_2 = \mu \frac{\mathrm{d}u}{\mathrm{d}y} + \rho l^2 \left(\frac{\mathrm{d}u}{\mathrm{d}y}\right)^2 \tag{4-31}$$

式中，l 为液体质点因脉动而由某一层移动到另一层的垂直距离，普朗特称之为混合长度。由于紊流时 τ_2 比 τ_1 大得多，忽略 τ_1 可以保证足够精度，于是紊流的切应力可写为

$$\tau = \rho l^2 \left(\frac{\mathrm{d}u}{\mathrm{d}y} \right)^2 \tag{4-32}$$

3. 黏性底层

在同一过水断面内，研究发现紊流质点的掺混程度并不完全一样。以圆管紊流为例，见图 4-8，紧贴管壁的一层，因液体质点受到壁面的限制，没有掺混现象，且流速很小，黏滞切应力仍然起主要作用。所以，紧靠壁面存在着黏滞切应力起控制作用的薄层，这一薄层称为黏性底层，又称层流底层。对于圆管中黏性底层的厚度 δ_0，可按式(4-33)计算，即

$$\delta_0 = \frac{32.8d}{Re\sqrt{\lambda}} \tag{4-33}$$

式中，λ 为沿程阻力系数。因其他量均为无量纲量，δ_0 的单位只取决于管道直径 d。黏性底层的厚度随雷诺数的增加而减小。雷诺数越大，表示紊流运动的强度越大，黏性底层的厚度越小。

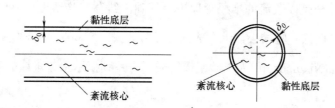

图 4-8　黏性底层

4. 紊流的流速分布

紊流的结构从固体边壁大水流中心，可划分为厚度很小的层流层、由层流向紊流转变的过渡层和充分紊流的核心区 3 个部分。紊流中黏性底层的流速分布可视作直线分布，紊流的流速分布至今还没有成熟的理论公式，目前常用的是普朗特—卡门的对数流速分布公式和普朗特—波拉修斯的指数流速分布公式。下面以普朗特—卡门的对数流速分布公式为例介绍紊流的流速分布。

普朗特做了两个假设：假设壁面的附加切应力的值保持不变，并等于壁面上的切应力；假设壁面附加的混合长度 l 与离壁面的距离 y 成正比。使用上述假设，并忽略黏滞切应力 τ_1，经推导得到普朗特—卡门的对数流速分布公式为

$$\frac{u}{u^*} = \frac{1}{K} \ln y + c \tag{4-34}$$

式中，u^* 为阻力流速，在恒定的紊流中为常数；K 为混合长度 l 与离壁面的距离 y 的比例系数，即 $K = l/y$；c 为积分常数，一般要根据具体流动情况确定。

普朗特—卡门的对数流速分布公式的推导过程从理论上来说并不严谨，但理论结果基本与实验相符，因而这一关系至今仍在工程上得到广泛应用，可适用于描述管道和河渠中整个紊流过水断面的流速分布，但层流底层范围不适用。

4.3.2 紊流的沿程水头损失的计算

紊流的沿程水头损失要比层流复杂得多。由式(4-27)，即

$$h_f = \lambda \frac{L}{d} \frac{v^2}{2g}$$

可知，对于圆管层流有沿程阻力系数 $\lambda = \dfrac{64}{Re}$，而对于紊流的沿程阻力系数则不易确定。一般有两种方法：一种是以紊流的半经验理论为基础，结合实验结果，整理成 λ 的半经验公式；另一种是直接根据实验结果，综合成 λ 的经验公式。实验研究主要是 1932—1933 年德国科学家尼古拉兹(Nikuradse)用人工砂粗糙管做了一系列揭示水流规律的实验。下面简单介绍尼古拉兹实验的结果。

1. 尼古拉兹实验

1933 年，尼古拉兹为了研究管道内壁粗糙程度对水流阻力的影响，把不同粒径的砂粒粘贴到管道内壁上，做成人工砂粗糙管。他用当地黄砂粒经筛选后分类均匀粘贴在管内壁上，做成相对粗糙度 $\dfrac{\Delta}{d}$ 分别是 $\dfrac{1}{15}$、$\dfrac{1}{30}$、$\dfrac{1}{60}$、$\dfrac{1}{126}$、$\dfrac{1}{152}$ 和 $\dfrac{1}{507}$ 6 种人工砂粗糙管。当流量改变时，即流速改变，可以得到不同的雷诺数 Re 时的沿程水头损失 h_f，然后根据式(4-27)可以求出沿程阻力系数 λ。将实验结果绘制成曲线，称为尼古拉兹实验曲线，见图 4-9。

图 4-9 中，$Re = \dfrac{vd}{\nu}$，分析图 4-9 所示曲线的特点，可以分成水流流态和阻力性质不同的 5 个区域，在每个区域沿程阻力系数 λ 有不同的变化规律。

第 I 区，层流区。当雷诺数 $Re < 2300$，即 $\lg Re < 3.3$ 时，具有不同粗糙度的各种圆管中，各试验数据的点都在一条直线 I 上，表明在层流条件下，沿程阻力系数 λ 仅与雷诺数 Re 有关，与相对粗糙度 $\dfrac{\Delta}{d}$ 无关，即 $\lambda = f(Re)$，图中直线刚好满足 $\lambda = \dfrac{64}{Re}$，这一结果证实了层流

理论分析，与式(4-27)中的 λ 一致。

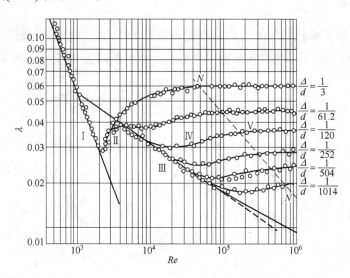

图 4-9　尼古拉兹实验曲线

第Ⅱ区，层流转变为紊流的过渡区。当雷诺数 $2300 < Re < 4000$，即 $3.3 < \lg Re < 3.6$ 时，实验数据的点没有规律。表明沿程阻力系数 λ 仅与雷诺数 Re 有关，与相对粗糙度 $\dfrac{\Delta}{d}$ 无关，即 $\lambda = f(Re)$，但是 λ 与 Re 不再是线性关系。

第Ⅲ区，光滑紊流区。当雷诺数 $4000 < Re$ 时，实验数据的点都落在同一条直线Ⅲ上。此时紊流的管壁层流层的厚度大大淹没了管壁粗糙凸起的高度，表明沿程阻力系数与相对粗糙度 $\dfrac{\Delta}{d}$ 无关，仅与雷诺数 Re 有关。即 $\lambda = f(Re)$，但是 λ 与 Re 也是线性关系。

第Ⅳ区，光滑紊流区转变为粗糙紊流区的过渡区。实验数据的点都落在直线Ⅲ和直线 N-N 之间，在不同的曲线上。在这一区域里，不同的雷诺数 Re 及不同的相对粗糙度 $\dfrac{\Delta}{d}$，沿程阻力系数也是不同的。此时，随着紊流程度的加剧，管壁层流层更薄，不能掩盖管壁内侧粗糙凸起的高度，使得相对粗糙度 $\dfrac{\Delta}{d}$ 对沿程阻力系数 λ 产生了明显的影响。沿程阻力系数 λ 仅与雷诺数 Re 和相对粗糙度 $\dfrac{\Delta}{d}$ 都有关系，即 $\lambda = f\left(Re, \dfrac{\Delta}{d}\right)$。

第Ⅴ区，粗糙紊流区。实验数据的点都落在直线 N-N 的右边，在不同的接近水平的直线上。这一区域，紊流激烈，使黏性底层的厚度变得更薄，黏滞性的作用相对很小，而管壁面的粗糙程度对沿程阻力的影响起主要作用。表明沿程阻力系数 λ 仅与雷诺数 Re 有关，

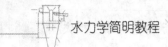

而与相对粗糙度 $\dfrac{\Delta}{d}$ 无关，即 $\lambda = f(Re)$。

如上所述，各个区域沿程阻力系数 λ 的变化规律各不相同，究其原因是存在黏性底层的缘故。紊流可以分为光滑紊流区、光滑紊流区转变为粗糙紊流区的过渡区和粗糙紊流区 3 个阻力区域。

1) 光滑紊流区

在这一区域，影响水流运动的主要因素是水流的运动状态，而不是边壁的粗糙程度。雷诺数较小，黏性底层的厚度 δ_0 比边壁的绝对粗糙度 Δ 大得多，即 $\delta_0 >> \Delta$。从水力学观点来看，这种粗糙边壁与光滑边壁是一样的，所以称为水力光滑面，这样管道称为水力光滑管。

2) 粗糙紊流区

当雷诺数 Re 较大时，黏性底层的厚度 δ_0 比边壁的绝对粗糙度 Δ 小很多，即 $\delta_0 << \Delta$。在这一区域，边壁的粗糙度对紊流起主要作用，而层流的黏滞性作用只占次要地位，几乎可以忽略不计。这种粗糙面称为水力粗糙区，又称为阻力平方区。

3) 光滑紊流区转变为粗糙紊流区的过渡区

随着雷诺数的增大，黏性底层的厚度变薄，接近边壁壁面粗糙凸起的高度。黏性底层厚度 δ_0 和边壁的绝对粗糙度 Δ 近似相等时，即 $\delta_0 \approx \Delta$。此时，绝对粗糙度的凹凸不平部分开始对紊流阻力有影响，但还没有起到决定作用。介于上述二者之间的过渡状态，称为光滑紊流区转变为粗糙紊流区的过渡区。

2. 实际管道的实验曲线和沿程阻力系数 λ 的变化规律

尼古拉兹实验得出的 λ 的变化规律是在人工砂粗糙管的基础上得到的，而人工砂粗糙管和实际的工业管道的粗糙有很大差别。自然管道的粗糙程度的高度、形状和分布都是不规则的，因此引入"当量粗糙"的概念。常用工业管道的当量粗糙度见表 4-1。

为便于工程应用，莫迪(L.F.Moody, 1944)按科尔布鲁克公式在双对数坐标中绘制了 $\lambda - Re(\Delta/d)$ 曲线，称为莫迪图(图 4-10)。图中纵坐标为沿程阻力系数 λ，横坐标为圆管雷诺数 Re $(600 < Re < 10^8)$，曲线参数是相对粗糙度 Δ/d。图中反映出尼古拉兹实验对应的 5 个区中，沿程阻力系数 λ 与雷诺数和相对粗糙度 Δ/d 的变化关系。莫迪图与尼古拉兹实验曲

线在水力光滑和水力粗糙的定性规律是一致的。但是两图在过渡区内却有较大差异，莫迪图的曲线平缓下降，而尼古拉兹实验曲线是先略下降然后上升。在图4-10上按照Δ/d和Re可以直接查出λ值。

表4-1 工业管道的当量粗糙度

	管道类别	当量粗糙度 Δ /mm		管道类别	当量粗糙度 Δ /mm
金属管	无缝黄铜管、铜管及铅管	0.01~0.05	非金属管	干净玻璃管	0.0015~0.01
	新的无缝钢管、镀锌铁管	0.1~0.2		橡皮软管	0.01~0.03
	新的铸铁管	0.3		木管道	0.25~1.25
	具有轻度腐蚀的无缝钢管	0.2~0.3		陶土排水管	0.45~6.0
	具有显著腐蚀的无缝钢管	0.5 以上		很好整平的水泥管	0.33
	旧的铸铁管	0.85 以上		石棉水泥管	0.03~0.8

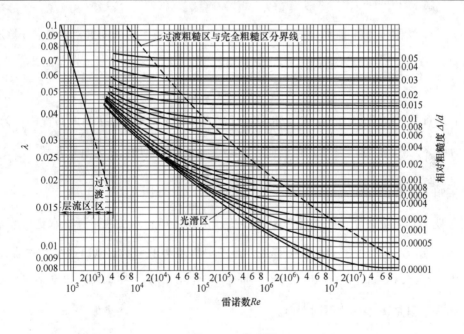

图 4-10 莫迪图

例 4-3 有一旧的生锈的铸铁管，内径 d=0.2m，长度 L=100m，过水流量 Q=200L/s，水温 t=10℃，取当量粗糙度 Δ=0.6mm，试求其沿程水头损失。

解：

管中流速为

$$v=\frac{4Q}{\pi d^2}=\frac{4\times 0.2}{\pi\times 0.2^2}=6.37(\text{m/s})$$

83

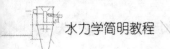

当水温 $t=10℃$，运动黏滞系数 $\nu=1.306\times10^{-6}\ m^2/s$，

管中水流的雷诺数为

$$Re=\frac{vd}{\nu}=\frac{6.37\times0.2}{1.306\times10^{-6}}=975497.7>2320$$

管中的水流流态为紊流。对于旧的铸铁管，阻力系数用舍维列夫专用公式计算，当 $v>1.2m/s$ 时

$$\lambda=\frac{0.021}{d^{0.3}}=\frac{0.021}{0.3^{0.3}}=0.0301$$

沿程水头损失为

$$h_f=\lambda\frac{L}{d}\frac{v^2}{2g}=0.0301\times\frac{100}{0.2}\times\frac{6.37^2}{2\times9.8}=31.16(m)$$

4.4 沿程水头损失的经验公式——谢才公式

【学习目标】 了解粗糙系数，掌握沿程水头损失的经验公式，掌握谢才系数的计算公式。

1775 年，法国工程师谢才(Cheeez)对于明渠均匀流进行了实验研究，提出了计算沿程水头损失的经验公式——谢才公式。

$$v=C\sqrt{RJ} \tag{4-35}$$

式中，v 为断面平均流速，m/s；R 为水力半径，$R=A/\chi$，A 为过水断面面积，χ 为湿周；J 为水力坡降，$J=h_f/L$，其中均匀流时，$J=i$，i 为明渠底坡；C 为谢才系数，$C=\sqrt{\frac{8g}{\lambda}}$，$\lambda$ 为沿程阻力系数。

对于明渠均匀流，断面平均流速沿程不变；水面线与总水头线平行，水力坡度沿程不变；谢才系数 C 与沿程阻力系数 λ 有关，反映沿程阻力的系数。式(4-35)(谢才公式)与式(4-24)(达西公式)本质上是一样的，因此，谢才公式可以用来表示各种流态或流动区域的沿程水头损失，只是谢才系数不同而已。

由于谢才系数的值来自阻力平方区的资料，所以谢才公式只适用于阻力平方区，明渠和管流的阻力平方区都适用。谢才系数 $C=\sqrt{\frac{8g}{\lambda}}$ 与重力加速度 g 和沿程阻力系数 λ 有关，而 λ 是无量纲量，g 是有量纲的量，其量纲与 $\sqrt{g}$ 量纲相同，所以谢才系数的单位为 $m^{\frac{1}{2}}/s$。

谢才系数不是一个常数，它与过水断面形状、壁面粗糙度等有关，下面介绍两个常用的谢才系数经验公式。

1. 曼宁公式

1890 年爱尔兰工程师曼宁提出了计算谢才系数 C 的公式，即

$$C = \frac{1}{n} R^{\frac{1}{6}} \tag{4-36}$$

式中，n 为糙率，是衡量边壁形状的不规则和糙率影响的一个综合性系数，又称为粗糙系数。其含义不像粗糙度 Δ 那样单纯明确。糙率 n 的选择恰当与否，对计算结果和工程造价有很大影响。n 值选择大了，为保证设计流量，就要加大过水断面面积，造成浪费。如果 n 值选择小了，断面平均流速 v 就大，根据连续性方程，设计的过水断面面积小，而实际的 n 大，v 小，就满足不了设计流量的要求。对于管流和明渠的 n 值见表 4-2 和表 4-3。

表 4-2　管道粗糙系数 n 值

管道种类	壁面状况	n		
		最小值	正常值	最大值
有机玻璃		0.008	0.009	0.010
玻璃管		0.009	0.010	0.013
黄铜管	光滑的	0.009	0.010	0.013
黑铁皮管		0.012	0.014	0.015
白铁皮管		0.013	0.016	0.017
铸铁管	①有护面层 ②无护面层 ③新制的	0.010 0.011	0.013 0.014 0.011	0.014 0.015
生铁管	新制的，铺设平整，接缝光滑		0.011	
木　管	由木板条拼成	0.010	0.011	0.012
钢　管	①纵缝和横缝都是焊接的，但都不束狭过水断面 ②纵缝焊接，横缝铆接，一排铆钉 ③纵缝焊接，横缝铆接，二排或二排以上铆钉 ④纵横缝都是铆接，一排铆钉，且板厚 $\delta \leqslant 11\text{mm}$ ⑤纵横缝都是铆接(有垫层)，二排或二排以上铆钉，或板厚 $\delta > 12\text{mm}$	0.011 0.0115 0.013 0.0125 0.014	0.012 0.013 0.014 0.0135 0.015	0.0125 0.014 0.015 0.015 0.017
水泥管	表面洁净	0.010	0.011	0.013
混凝土管及钢筋混凝土管	①无抹灰面层 　• 钢模板，施工质量良好，接缝平滑 　• 光滑木模板，施工质量良好，接缝平滑 　• 光滑木模板，施工质量一般 　• 粗糙木模板，施工质量不佳，模板错缝跑浆 ②有抹灰面层并经抹光 ③有喷浆面层 　• 表面用钢丝刷刷过并经仔细抹光 　• 表面用钢丝刷刷过，且无喷浆脱落体凝结于衬砌面上 　• 仔细喷浆，但未用钢丝刷刷过，也未经抹光	0.012 0.012 0.015 0.010 0.012	0.013 0.013 0.014 0.017 0.012 0.013 0.016 0.019	0.014 0.016 0.020 0.014 0.015 0.018 0.023

注：本表来自许荫椿、胡德保、薛朝阳主编的《水力学》(第三版)，北京：科学出版社，1990 年 8 月。

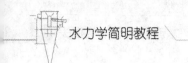

表 4-3 明渠粗糙系数 n 值

序号	边界种类及状况	n
1	仔细抛光的木板	0.011
2	未抛光的但连接很好的木板，很光滑的混凝土面	0.012
3	很好的砖砌	0.013
4	一般混凝土面，一般砖砌	0.014
5	陈旧的砖砌面，相当粗糙的混凝土面，光滑、仔细开挖的岩石面	0.017
6	坚实黏土中的土渠。有不连续泥层的黄土，或砂砾石中的土渠。维修良好的大土渠	0.0225
7	一般的大土渠，情况良好的小土渠，情况极其良好的天然河道(河床清洁顺直，水流通畅，没有浅滩深槽)	0.025
8	情况较坏的土渠(如有部分地区的杂草或砾石，部分的岸坡倒塌等)，情况良好的天然河道	0.030
9	情况极坏的土渠(断面不规则，有杂草、块石、水流不顺畅等)，情况比较良好的天然河道，但有不多的块石和野草	0.035
10	情况特别不好的土渠(杂草众多，渠底有大块石等)。情况不甚良好的天然河道(野草、块石较多，河床不甚规则而有弯曲，有不少的倒塌和深潭等处)	0.040

注：本表来自清华大学水力学教研组编写的《水力学》上册(1980 年修订版)，北京：高等教育出版社，1984 年 8 月。

将曼宁公式代入谢才公式可得

$$v = \frac{1}{n} R^{\frac{2}{3}} J^{\frac{1}{2}} \tag{4-37}$$

曼宁公式形式简单，至今仍为工程界广泛应用。

2. 巴甫洛夫斯基公式(简称巴氏公式)

1952 年，巴甫洛夫斯基公式为

$$y = 2.5\sqrt{n} - 0.13 - 0.75\sqrt{R}\left(\sqrt{n} - 0.10\right) \tag{4-38}$$

在近似计算中：

当 $R < 1.0\text{m}$ 时，$y = 1.5\sqrt{n}$ 。

当 $R > 1.0\text{m}$ 时，$y = 1.3\sqrt{n}$ 。 $\tag{4-39}$

式(4-37)的适用范围为 $0.1\text{m} \leqslant R \leqslant 3.0\text{m}$，$0.011 \leqslant n \leqslant 0.04$。式(4-37)～式(4-39)中，水力半径 R 以 m 计。式(4-38)中 y 为变数，计算比曼宁公式麻烦，但是所求得的 C 值比较精确。

例4-4　有一断面形状为梯形的渠道，如图4-11所示，已知底宽 $b=4.0$m，水深 $h_0=3.0$m，边坡系数 $m=\cos\theta\cdot2$，糙率 $n=0.015$，水流为均匀流，且为阻力平方区紊流，水力坡度 $J=0.001$，试计算流量 Q。

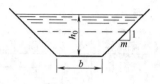

图4-11　例4-4图

解：由谢才公式得 $Q=CA\sqrt{RJ}$

式中，$A=(b+mh_0)\,h_0=25.5$m^2

$\chi=b+2\,h_0=\sqrt{1+m^2}=14.82$(m)；

$R=\dfrac{A}{\chi}=1.72$(m)

因为是阻力平方区紊流，则 $C=\dfrac{1}{n}R^{\frac{n}{6}}=72.97$ m$^{\frac{1}{2}}$/s。

代入公式：$Q=CA\sqrt{RJ}=77.17$(m^3/s)

4.5　局部水头损失

【学习目标】　了解局部水头损失系数表，熟悉圆管突然扩大的局部水头损失的推导过程，掌握局部水头损失的计算。

由局部边界急剧改变导致水流结构改变、流速分布改变并产生旋涡区而引起的水头损失称为局部水头损失，用 h_j 表示。其特点为能耗大、能耗集中而且主要为旋涡紊动损失。概括起来，局部水头损失有4种类型：旋涡损失、加速损失、转向损失和撞击损失。目前，除了少数管道的局部水头损失可用理论方法计算外，其他形式的局部水头损失都通过实验来解决。造成理论解决困难的原因是在急变流情况下，作用在固体边界上的动水压力难以确定。但是，局部阻力损失的物理本质是一样的，可以用一个统一的表达式表示局部水头损失，即

$$h_j=\xi\frac{v^2}{2g} \tag{4-40}$$

式中，ξ 为局部水头损失系数或局部阻力系数。不同的边界条件 ξ 值不同，见表4-4。

表 4-4　水流局部阻力系数表

名　称	简　图	局部阻力系数 ξ
断面突然扩大		$\xi_2 = (A_2/A_1 - 1)^2$ (用 v_2) $\xi_1 = (1 - A_1/A_2)^2$ (用 v_1)
断面突然缩小		$\xi = \dfrac{1}{2}\left(1 - \dfrac{A_2}{A_1}\right)$
进口		直角 $\xi = 0.5$
		角稍加修圆 $\xi = 0.2$ 喇叭形 $\xi = 0.1$ 流线型(无分离绕流) $\xi = 0.05 \sim 0.06$
切角进口		$\xi = 0.25$
斜角进口		$\xi = 0.5 + 0.3\cos\alpha + 0.2\cos^2\alpha$
出口		流入水库 $\xi = 1.0$
		流入明渠 $\xi = (1 - A_1/A_2)^2$

圆形渐扩管

$\xi = k(A_2/A_1 - 1)^2$

$\alpha/(°)$	8	10	12	15	20	25
k	0.14	0.16	0.22	0.30	0.42	0.62

圆形渐缩管

$\xi = k_1 k_2$

$\alpha/(°)$	10	20	40	60	80	100	140
k_1	0.4	0.25	0.2	0.2	0.3	0.4	0.6

A_2/A_1	0	0.1	0.2	0.3	0.4	0.5
k_2	0.41	0.4	0.38	0.36	0.34	0.3

A_2/A_1	0.6	0.7	0.8	0.9	1.0
k_2	0.27	0.20	0.16	0.10	0

名　称	简　图	局部阻力系数 ξ
矩形变圆形渐缩管		$\xi = 0.05$ (相应于中间断面的流速水头)
圆形变矩形渐缩管		$\xi = 0.10$ (相应于中间断面的流速水头)
缓弯管		$\xi = \left[0.131 + 0.1632 \left(\dfrac{d}{r} \right)^{7/2} \right] \left(\dfrac{\alpha^\circ}{90^\circ} \right)^{1/2}$
弯管		见下表
折角弯管		见下表
斜分岔		$\xi = 0.05$
斜分岔		$\xi = 0.15$
斜分岔		$\xi = 1.0$
斜分岔		$\xi = 0.5$
斜分岔		$\xi = 3.0$
直角分岔		$\xi = 0.1$
直角分岔		$\xi = 1.5$
叉管		$\xi = 1.0$

弯管:

d/r	0.2	0.4	0.6	0.8	1.0
ξ	0.132	0.138	0.158	0.208	0.294
d/r	1.2	1.4	1.6	1.8	2.0
ξ	0.440	0.660	0.976	1.406	1.975

折角弯管:

圆管:

$\alpha/(^\circ)$	10	20	30	40	50	60	70	80	90
ξ	0.04	0.1	0.2	0.3	0.4	0.55	0.7	0.9	1.10

矩形管:

$\alpha/(^\circ)$	15	30	45	60	90
ξ	0.025	0.11	0.26	0.49	1.20

名　称	简　图	局部阻力系数 ξ
叉管		$\xi = 1.5$
直角分流		$\xi_{1-2} = 2$ ，　$h_{f1-2} = 2\dfrac{v_2^2}{2g}$ ，　$h_{f1-3} = \dfrac{v_1^2 - v_3^2}{2g}$

平板门

e/a	0.1~0.7	0.8	0.9
ξ	0.05	0.04	0.02

注：ξ 值相应于收缩断面的流速水头，不包括门槽损失

门槽

$\xi = 0.05 \sim 0.2$ （一般用 0.1）

拦污栅

$\xi = \beta (s/b)^{4/3} \sin \alpha$

式中，s 为栅条宽度；b 为栅条间距；α为倾角；β为栅条形状系数，见下表。

栅条形状	1	2	3	4	5	6	7
β	2.42	1.83	1.67	1.035	0.92	0.76	1.79

闸阀

全开时(即 $a/d=1$)：

d/mm	15	20~50	80	100	150
ξ	1.5	0.5	0.4	0.2	0.1

d/mm	200~250	300~450	500~800	900~1000
ξ	0.08	0.07	0.06	0.05

各种开度时：

d/mm	开度(a/d)					
	1/8	1/4	3/8	1/2	3/4	1
12.5	450	60	22	11	2.2	1.0
19	310	40	12	5.5	1.1	0.28
20	230	32	9.0	4.2	0.90	0.23
40	170	23	7.2	3.3	0.75	0.18
50	140	20	6.5	3.0	0.68	0.16
100	91	16	5.6	2.6	0.55	0.14
150	74	14	5.3	2.4	0.49	0.12
200	66	13	5.2	2.3	0.47	0.10
300	56	12	5.1	2.2	0.47	0.07

截阀

$\xi = 3.0 \sim 5.5$

$\xi = 1.4 \sim 1.85$

续表

名　称	简　图	局部阻力系数 ζ				
蝶阀		$\alpha/(°)$	5	10	15	20	25
		ξ	0.24	0.52	0.90	1.54	2.51
		$\alpha/(°)$	30	35	40	45	50
		ξ	3.01	6.22	10.8	18.7	32.6
		$\alpha/(°)$	55	60	65	70	90
		ξ	58.8	118	256	751	∞
逆止阀		d/mm	150	200	250	300
		ξ	6.5	5.5	4.5	3.5
		d/mm	350	400	500	$\geqslant 600$
		ξ	3.0	2.5	1.8	1.7
莲蓬头滤水阀	无底阀　　有底阀	无底阀 $\xi = 2\sim3$ 有底阀 $\xi = 5\sim6$				

名称	简图	局部阻力系数 ζ
明渠渐变段进出口	(a) 反弯扭曲面形 (b) 1/4圆弧形 (c) 方头形 (d) 直线扭曲面形	进口 $h_{f1} = \xi_1\left(\dfrac{v_2^2 - v_1^2}{2g}\right)$ 出口 $h_{f2} = \xi_2\left(\dfrac{v_2^2 - v_3^2}{2g}\right)$

渐变段形式	ξ_1	ξ_2
(a)	0.10	0.20
(b)	0.15	0.25
(c)	0.30	0.75
(d)	0.05~0.3	0.3~0.5

注：ξ_1、ξ_2 的大小还与水面的收敛角 α_1 或扩散角 α_2 有关，表中的(a)～(c)的 ξ_1、ξ_2 值适用于 $\alpha \leqslant 12.5°$，而(d)的 ξ_1 值适用于 $\alpha_1 = 15°\sim37°$，ξ_2 值适用于 $\alpha_2 = 10°\sim17°$

4.5.1　圆管突然扩大的局部水头损失

局部水头损失产生的主要原因是流体经局部阻碍时，因惯性作用，主流与壁面脱离，其间形成旋涡区，旋涡区流体质点强烈紊动，消耗大量能量；此时旋涡区质点不断被主流带向下游，加剧下游一定范围内主流的紊动，从而加大能量损失；局部阻碍附近，流速分布不断调整，也将造成能量损失。

图 4-12 表示管中由管径 d_1 到管径 d_2 水流的突然扩大,流量为已知,水流进入大断面后,脱离边界,产生回流区,其长度 $l \approx (5 \sim 8) d_2$,断面 1-1 和 2-2 为渐变流断面,由于流程 l 较短,该段的沿程水头损失可忽略,这样,取断面 1-1 和 2-2 写出总流能量方程,有

$$h_j = z_1 - z_2 + \left(\frac{p_1 - p_2}{\gamma} \right) + \frac{\alpha_1 v_1^2 - \alpha_2 v_2^2}{2g} \tag{4-41}$$

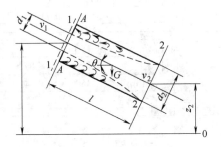

图 4-12　圆管突然扩大

在式(4-41)中除了待求的局部水头损失 h_j 外,还有 z 和 p 等未知数,因此需要增加新的关系式。为此,再取位于断面 A-A 和 2-2 之间的水体为脱离体,忽略壁面切力,写出沿管轴方向的总流动量方程,即

$$p_1 A_1 + p + G \sin \theta - p_2 A_2 = \rho(a_2^1 A_2 v_2^2 - a_1^1 A_1 v_1^2) \tag{4-42}$$

式中,P 为位于断面 A-A 而具有环形面积 $(A_2 - A_1)$ 的管壁反作用力。实验表明,在包含环形面积的 A-A 断面上的压强基本符合静水压强分布规律,即

$$P = \rho_1 (A_2 - A_1) \tag{4-43}$$

从图 4-12 得知

$$G \sin \theta = \gamma A_2 l \frac{(z_1 - z_2)}{l} = \gamma A_2 (z_1 - z_2) \tag{4-44}$$

将上面两式及连续性方程 $A_1 v_1 = A_2 v_2$ 代入上述的动量方程,整理后可得

$$(z_1 - z_2) + \left(\frac{p_1 - p_2}{\gamma} \right) = \frac{(\alpha_2^1 v_2 - \alpha_1^1 v_1) v_2}{g} \tag{4-45}$$

将上式代入前面的能量方程,得

$$h_j = \frac{(\alpha_2^1 v_2 - \alpha_1^1 v_1) v_2}{g} + \frac{\alpha_2 v_1^2 - \alpha_2 v_2^2}{2g} \tag{4-46}$$

当流动的雷诺数较大时,紊流的流速分布在断面上更趋于均匀化,两断面的动量及动能修正系数都接近于 1,故式(4-46)可简化为

$$h_{\mathrm{j}} = \frac{(v_1 - v_2)^2}{2g} \tag{4-47}$$

式(4-47)还可用下列不同形式表示。根据连续原理 $v_1 = v_2 A_2 / A_1$ 或 $v = v_1 A_1 / A_2$，因此式(4-47)可写成

$$h_{\mathrm{j}} = \left(\frac{A_2}{A_1} - 1\right)\frac{v_2^2}{2g} = \xi_2 \frac{v_2^2}{2g} \tag{4-48}$$

或

$$h_{\mathrm{j}} = \left(1 - \frac{A_1}{A_2}\right)^2 \frac{v_1^2}{2g} = \xi_1 \frac{v_1^2}{2g} \tag{4-49}$$

式中的 $\xi_1 = \left(1 - \dfrac{A_1}{A_2}\right)^2$，$\xi_2 = \left(\dfrac{A_2}{A_1} - 1\right)^2$，称为突然扩大的局部水头损失系数。

其他各种局部水头损失一般都用一个流速水头与一个局部水头损失系数的乘积来表示，即

$$h_{\mathrm{j}} = \xi \frac{v^2}{2g} \tag{4-50}$$

4.5.2　圆管断面突然收缩的局部水头损失

断面突然收缩的情况如图 4-13 所示。在大管和小管中都有不大的旋涡区，如用小管中的断面平均流速 v_2 来衡量水头损失，则断面突然收缩的局部水头损失为

$$h_{\mathrm{j}} = \xi \frac{v_2^2}{2g} \tag{4-51}$$

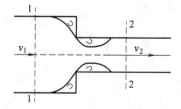

图 4-13　圆管突然收缩

式中局部水头损失系数 ξ 根据实验结果为

$$\xi = 0.5\left(1 - \frac{A_2}{A_1}\right) \tag{4-52}$$

式中，A_1 为大管断面面积；A_2 为小管断面面积。

例 4-5 一直径 $d_1=10$cm 的水管突然扩大成直径 $d_2=20$cm，如图 4-14 所示。如管内过水流量 $Q=0.21$m³/s。求接在两管段上的水银比压计的压差值 h。

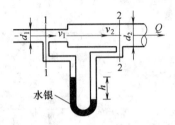

图 4-14 例 4-5 图

解：

$$v_1 = \frac{4Q}{\pi d_1^2} = \frac{4 \times 0.1}{\pi \times 0.1^2} = 12.74(\text{m/s})$$

$$v_2 = \frac{4Q}{\pi d_2^2} = \frac{4 \times 0.1}{\pi \times 0.2^2} = 3.18(\text{m/s})$$

$$A_1 = \pi d_1^2 / 4 = \pi \times 0.1^2 / 4 = 0.00725(\text{m}^2)$$

$$A_2 = \pi d_2^2 / 4 = \pi \times 0.2^2 / 4 = 0.0314(\text{m}^2)$$

突然扩大的局部水头损失为

$$h_j = \left(\frac{A_2}{A_1} - 1\right)^2 \frac{v_2^2}{2g} = \left(\frac{0.0314}{0.00785} - 1\right)^2 \times \frac{3.18^2}{2 \times 9.8} = 4.64(\text{m})$$

由于两个测压管很近，沿程水头损失忽略不计，写 1-1 和 2-2 断面的能量方程得

$$z_1 + \frac{p_1}{\gamma} + \frac{\alpha_1 v_1^2}{2g} = z_2 + \frac{p_2}{\gamma} + \frac{\alpha_2 v_2^2}{2g} + h_j$$

取 $\alpha_1 = \alpha_2 = 1$，对上式整理得 $\quad \left(z_2 + \frac{p_2}{\gamma}\right) - \left(z_1 + \frac{p_1}{\gamma}\right) = \frac{v_1^2 - v_2^2}{2g} - h_j$

式中测压管水头差 $\left(z_2 + \dfrac{p_2}{\gamma}\right) - \left(z_1 + \dfrac{p_1}{\gamma}\right) = \left(\dfrac{\gamma_{\text{Hg}} - \gamma}{\gamma}\right) h = \left(\dfrac{133.28 - 9.8}{9.8}\right) h = 12.6h$，代入上

式得 $12.6h = \dfrac{v_1^2 - v_2^2}{2g} - h_j = \dfrac{12.74^2 - 3.18^2}{2 \times 9.8} - 4.64 = 3.13$

$$h = 0.236(\text{m})$$

本章小结

1. 沿程水头损失和局部水头损失

在均匀流和渐变流动中，由于液体具有黏性和固体边壁的影响，会使水流在流动的过程中产生水头损失。水力学中根据液流边界状况的不同，将水头损失分为沿程水头损失和局部水头损失。

沿程水头损失的计算式为

对于圆管

$$h_f = \lambda \frac{L}{d} \frac{v^2}{2g}$$

对于非圆管

$$h_f = \lambda \frac{L}{4R} \frac{v^2}{2g}$$

局部水头损失的计算公式为

$$h_j = \xi \frac{v^2}{2g}$$

式中，ξ 为局部水头损失系数；λ 为沿程阻力系数；R 为水力半径。

对于某一液流系统，其全部水头损失 h_w 等于各流段沿程水头损失与局部水头损失之和，即 $h_w = h_f + h_j$。

2. 层流、紊流及雷诺数

当液体质点做有条不紊的、彼此并不混掺的流动称为层流。各流层的液体质点形成涡体在流动过程中互相混掺的流动称为紊流。在层流和紊流之间的流动形态称为层流向紊流的过渡。

判定层流和紊流的准数是雷诺数。雷诺数是一个无量纲数，它反映了作用在水流上的惯性力与黏滞力的对比关系。当雷诺数较小时，表明作用在液体上的黏滞力起主导作用，对液体运动起控制作用。

对于圆管，雷诺数的表达式为 $Re = vd/\nu$。

对于非圆形管道及河渠中的液流雷诺数可写成 $Re = vR/\nu$。

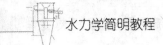

圆管临界雷诺数 $Re_k = 2320$，对于明渠及天然河道，下临界雷诺数 $Re_k = 500$。

3. 恒定均匀流的切应力

在均匀流动中，由于实际液体中存在着切应力 τ，沿程水头损失就是液流在运动时为了克服切应力 τ 而产生的能量损失。切应力 τ 的计算公式为 $\tau = \gamma R'J$。

对于固体壁面上，则有 $\tau_0 = \gamma RJ$。

对于二元明渠恒定均匀流，设其水深为 h，距渠底任一点的水深为 y，切应力公式为
$$\tau = (1 - y/h)\tau_0$$

4. 圆管层流的水力特性及沿程水头损失的计算

圆管均匀层流的切应力公式为
$$\tau = -\mu \, \mathrm{d}u / \mathrm{d}r$$

圆管中的流速分布
$$u = \gamma J (r_0^2 - r^2)/(4\mu)$$

管轴处最大流速为
$$u_{max} = \gamma J r_0^2 /(4\mu) = \gamma J d^2 /(16\mu)$$

通过圆管的流量为
$$Q = \gamma J \pi r_0^4 /(8\mu) = \gamma J \pi d^4 /(128\mu)$$

断面平均流速为
$$v = \gamma J d^2 /(32\mu) = u_{max}/2$$

沿程水头损失为
$$h_f = \frac{32Lv}{gd^2} v = \frac{64}{vd/v} \frac{L}{d} \frac{v^2}{2g} = \frac{64}{Re} \frac{L}{d} \frac{v^2}{2g}, \quad \lambda = 64/Re$$

5. 紊流的水力特性

脉动：紊流的特征是流场中一定点上的运动要素(流速、压强等)随时间发生波动，这种现象就叫作运动要素的脉动。

时间平均：目前对紊流运动的分析广泛采用的方法是时间平均法，即把紊流运动看作由两个流动叠加而成，一个是时间平均流动，另一个是脉动流动。

紊动产生的附加切应力

$$\tau = \tau_1 + \tau_2$$

式中，τ_1 为由于黏滞性而产生的黏滞切应力；τ_2 为由于质点互相掺混碰撞而引起的紊流的附加切应力；τ 为紊流的全部切应力。

黏性底层：普朗特等人的研究表明，紊流具有分区的性质。在边界附近有一很薄的作层流运动的液体，称为黏性底层或近壁层流层。其厚度为 δ；在黏性底层以外，还有一层由层流向紊流过渡的过渡层，其厚度为 δ_1；过渡层以外的液流才属于紊流，称为紊流核心。

6. 尼古拉兹实验沿程阻力系数变化规律

第Ⅰ区，层流区。雷诺数 $Re < 2300$，即 $\lambda = f(Re)$，即 $\lambda = \dfrac{64}{Re}$

第Ⅱ区，层流转变为紊流的过渡区。雷诺数 $2300 < Re < 4000$，$\lambda = f(Re)$，但是 λ 与 Re 不再是线性关系。

第Ⅲ区，光滑紊流区。当雷诺数 $4000 < Re$ 时，$\lambda = f(Re)$，但是 λ 与 Re 也是线性关系。

第Ⅳ区，光滑紊流区转变为粗糙紊流区的过渡区，$\lambda = f\left(Re, \dfrac{\varDelta}{d}\right)$。

第Ⅴ区，粗糙紊流区，$\lambda = f(Re)$。

7. 计算沿程水头损失的经验公式

谢才公式

$$v = C\sqrt{RJ}$$

式中，$C = \sqrt{8g/\lambda}$，λ 为沿程阻力系数。

谢才系数 C 的经验公式有曼宁公式、巴甫洛夫斯基公式以及美国陆军工程兵团水道试验站公式。

(1) 曼宁公式 $C = R^{1/6}/n$。

(2) 巴甫洛夫斯基公式 $C = R^y/n$。

$y = 2.5\sqrt{n} - 0.13 - 0.75\sqrt{R}\left(\sqrt{n} - 0.10\right)$ 巴甫洛夫斯基公式适应于 $0.1 \leqslant R \leqslant 3.0\text{m}$，$0.011 \leqslant n \leqslant 0.04$。

曼宁公式和巴甫洛夫斯基公式只能适应于阻力平方区。

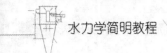

习题

思考题

4-1 能量损失有几种形式？产生能量损失的物理原因是什么？

4-2 水头损失由哪几部分组成？产生水头损失的原因是什么？

4-3 什么是层流和紊流？怎样判别水流的流态？试说明无量纲数雷诺数 Re 的物理意义。为什么雷诺数 Re 可以判别流态？

4-4 层流和紊流过流断面上的流速分布规律如何？造成它们流速分布规律不同的原因是什么？

4-5 紊流的特征是什么？紊流中运动要素的脉动是如何处理的？

4-6 紊流中存在脉动现象，具有非恒定性质，但是又是恒定流，其中有无矛盾？为什么？

4-7 紊流黏性底层的厚度 δ_0 与哪些因素有关？在分析沿程水头损失系数 λ 的变化规律时 δ_0 起什么作用？

4-8 何为水力光滑管？水力粗糙管？

4-9 利用直径为 d 和长 l 的圆管输水，假设流量恒定(即为恒定流)，试分析当 Q 增大时，h_f 和 λ 值将如何变化。

4-10 简单叙述尼古拉兹实验所得到的沿程水头损失系数 λ 的变化规律。

计算题

4-1 某管道直径 $d=50\text{mm}$，通过温度为 $10℃$ 的燃料油，燃油的运动黏滞系数 $\nu=5.16\times10^{-6}\,\text{m}^2/\text{s}$，试求保持层流状态的最大流量 $Q_{\max}$。

4-2 有一矩形断面小排水沟，水深 $h=15\text{cm}$，底宽 $b=20\text{cm}$，流速 $v=0.15\text{m/s}$，水温为 $15℃$，试判别其流态。

4-3 水平沉淀池水深 $H=3\text{m}$，宽 $B=6\text{m}$，平均流速为 $v=3\text{mm/s}$；斜管沉淀池，斜管断面为正六边形，每边长 $b=1.8\text{cm}$，管中流速也为 $v=3\text{mm/s}$。如两沉淀池水温皆为 $10℃$，

试判别其流态。

4-4　试判明温度为 $t = 20\ ℃$ 的水, 以 $Q = 4000 \text{cm}^3/\text{s}$ 的流量通过直径 $d = 10 \text{cm}$ 的水管时的流态。如要保持管内液体为层流运动, 流量应受怎样的限制?

4-5　设有一均匀流管路, 直径 $d = 0.2 \text{m}$, 长度 $l = 100 \text{m}$, 水力坡度 $J = 0.8\%$, 试求: (1)边壁上的切应力 τ_0; (2)100m 长管路上的沿程水头损失 h_f。

4-6　有一管道, 已知: 半径 $r_0 = 15 \text{cm}$, (1)层流时水力坡度 $J = 0.15$, (2)紊流时水力坡度 $J = 0.20$, 试求: (1)管壁处的切应力 τ_0; (2)离管轴 $r = 10 \text{cm}$ 处的切应力 τ_0。

4-7　做沿程水头损失实验的管道直径 $d = 15 \text{mm}$, 量测段长度 $l = 4 \text{m}$, 水温 $T = 5℃$, 试求: (1)当流量 $Q = 0.03 \text{L/s}$ 时, 管中的流态; (2)此时的沿程水头损失系数 λ; (3)量测段的沿程水头损失 h_f。

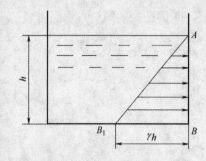

第 5 章

孔口、管嘴出流和有压管流

本章要点

- 孔口出流分类及其计算。
- 管嘴出流分类及其计算。
- 有压管流计算。

技能目标

- 理解恒定孔口出流、管嘴出流、非恒定孔口管嘴出流的基本计算方法。
- 能熟练掌握短管、简单长管的水力计算。

本章将应用水静力学、水动力学的基本概念和基本方程，对给排水、道路、桥梁等建筑工程中常见的水力现象进行分析研究。

孔口、管嘴和有压管道流动是实际工程中常见的流动典型问题。若在孔壁上开孔，水经孔口流出的水力现象称为孔口出流；若在孔口上连接长为 3～4 倍孔径的短管，水经过短管并在出口断面满管流出的水力现象称为管嘴出流；水沿管道满管流动的水力现象称为有压管流。例如，给水排水工程中的取水、泄水闸孔等就是孔口出流问题；水流经过路基下的有压短涵管、水坝中泄水管等都有管嘴出流的计算问题。

5.1 孔 口 出 流

【学习目标】了解孔口分类，掌握孔口出流的基本计算方法。

流体经孔口流入大气的出流，称为自由出流，如图 5-1 所示；若孔口流出的水股被另一部分流体所淹没，称为淹没出流，如图 5-2 所示。按照孔壁厚度及形状对出流的影响，可将孔口出流分为薄壁孔口出流和厚壁孔口出流。如果壁厚不影响水的出流，水流与孔壁的接触仅在一条轴线上，称为薄壁孔口；反之，则称为厚壁孔口。若孔口的作用水头不变，这种出流称为恒定出流；反之，则称为非恒定出流。若孔径 d(或孔口高度)与作用水头 H 的比值小于 0.1，即 $d/H \leqslant 0.1$，这种孔口称为小孔口，如图 5-1 所示；若 $d/H > 0.1$，则称为大孔口。本节将主要讨论薄壁孔口出流。

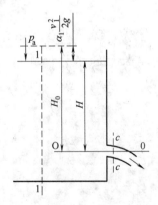

图 5-1 自由出流

5.1.1　薄壁小孔口恒定出流

1. 自由出流

如图 5-2 所示，当流体流经薄壁孔口时，液体在压强差 $\Delta p = p_1 - p_2$ 的作用下通过薄壁孔口出流，由于流体的惯性作用，流动通过孔口后会继续收缩，直至最小收缩断面 $c\text{-}c$，其后水流扩散，重力起主要作用，水流向下跌落。实验发现，在距离容器内壁向外约 $d/2$ 处，收缩完成，此时流线相互平行，符合渐变流条件。下面对作用水头 H 不随时间条件下的恒定孔口出流进行分析。

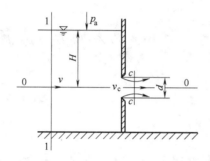

图 5-2　薄壁小孔口自由出流

以 0-0 为基准面，对图 5-2 所示的 1-1 和 $c\text{-}c$ 断面列能量方程式，令 $\alpha=1$；水箱中的水头损失很小，可以忽略不计，因此水头损失就只有流经孔口的局部水头损失，局部水头损失系数用 ξ 表示，则

$$H + \frac{p_1}{\rho g} + \frac{v_0^2}{2g} = 0 + \frac{p_c}{\rho g} + \frac{v_c^2}{2g} + \xi \frac{v_c^2}{2g} \tag{5-1}$$

由于 1-1 断面为自由液面，相对压强为零；出口处液体与大气接触，相对压强也为零，则式(5-1)可以改写为

$$H + \frac{v_0^2}{2g} = \frac{v_c^2}{2g} + \xi \frac{v_c^2}{2g} \tag{5-2}$$

令 $H_0 = H + \dfrac{v_0^2}{2g}$，称为行进流速水头，则式(5-2)可以改写为

$$H_0 = \frac{v_c^2}{2g} + \xi \frac{v_c^2}{2g} = (1+\xi)\frac{v_c^2}{2g} \tag{5-3}$$

即

$$v_c = \frac{1}{\sqrt{1+\xi}}\sqrt{2gH_0} = \varphi\sqrt{2gH_0} \qquad (5\text{-}4)$$

式中

$$\varphi = \frac{1}{\sqrt{1+\xi}} \qquad (5\text{-}5)$$

式中，φ 为孔口的流速系数。由实验可知，孔口的流速系数 $\varphi = 0.97\sim0.98$。

收缩断面的面积 A_c 与孔口断面面积 A 之比称为孔口的收缩系数，用 ε 表示，则

$$\varepsilon = \frac{A_c}{A} \qquad (5\text{-}6)$$

孔口流出的水流流量为

$$Q = v_c A_c = \varepsilon A \varphi \sqrt{2gH_0} = \mu A \sqrt{2gH_0} \qquad (5\text{-}7)$$

式中

$$\mu = \varepsilon\varphi \qquad (5\text{-}8)$$

式中，μ 为孔口的流量系数。

由实验得，孔口的收缩系数 $\varepsilon = 0.60\sim0.64$，一般 $\varepsilon = 0.62$，孔口的流量系数 $\mu = 0.60\sim0.62$。

2. 淹没出流

淹没出流的水流流经孔口时，同自由出流一样，由于惯性作用，形成收缩断面后扩大。

以 0-0 为基准面，对图 5-3 所示的渐变流 1-1 和 2-2 断面列能量方程式，令 $\alpha = 1$；水箱中的水头损失很小，可以忽略不计，因此水头损失就只有流经孔口的局部水头损失，则

$$H_1 + \frac{p_1}{\rho g} + \frac{v_0^2}{2g} = H_2 + 0 + \frac{p_a}{\rho g} + \frac{v_2^2}{2g} + \sum \xi_i \frac{v_c^2}{2g} \qquad (5\text{-}9)$$

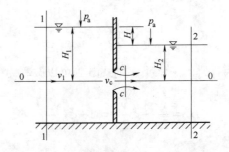

图 5-3　薄壁小孔口淹没出流

式中局部水头损失包括水流经孔口收缩的局部水头损失和经收缩断面后突然扩大的局部水头损失两部分。其中，水流经孔口收缩断面后突然扩大的局部阻力系数，因为 $A_2 > A_c$，$\xi = 1$；水流经孔口收缩的局部阻力系数用 ξ 表示。令 $H_0 = H_1 - H_2 + \dfrac{v_1^2}{2g} - \dfrac{v_2^2}{2g}$，因为孔口两侧容器的断面面积远大于孔口面积，由连续性方程，可近似 $v_1 \approx v_2 \approx 0$，则 $H_0 = H$，代入式(5-9)得

$$H_0 = (1 + \xi)\frac{v_c^2}{2g} \tag{5-10}$$

经变换得孔口淹没出流的基本式为

$$v_c = \frac{1}{\sqrt{1 + \xi}}\sqrt{2gH_0} = \varphi\sqrt{2gH_0} \tag{5-11}$$

水流流量为

$$Q = v_c A_c = \varepsilon A \varphi \sqrt{2gH_0} = \mu A \sqrt{2gH_0} \tag{5-12}$$

$$\mu = \varepsilon \varphi \tag{5-13}$$

可见，薄壁小孔口恒定淹没出流和自由出流的基本公式在形式上完全相同。根据实验结果，孔口淹没出流的流量系数和自由出流的流量系数在数值上很接近，所以计算时常取自由出流的流量系数 μ 值。应该注意的是，在自由出流情况下，孔口的作用水头 H 为水面至孔口形心的深度；而淹没出流的作用水头 H 为孔口上下游水面高差。而且淹没出流孔口断面上各点作用水头相等，流速和流量与孔口在水面下的深度无关，只是压强与孔口在水面下的深度有关，因此淹没出流没有大孔口和小孔口之分。

3. 收缩系数与流量系数的影响因素

从以上分析可知，孔口出流性能主要取决于孔口的收缩系数 ε、流速系数 φ 和流量系数 μ，而流速系数 φ 和流量系数 μ 取决于孔口局部阻力系数 ξ 和收缩系数 ε。在工程中经常遇到的孔口出流，雷诺数 Re 足够大，可以认为 φ 和 μ 与 Re 无关，只和孔口的边界条件有关。

边界条件中，收缩系数 ε 取决于孔口形状、孔口边缘情况和孔口在壁面上的位置。实践证明，薄壁小孔口形状对于流量系数 μ 的影响甚小。而孔口在壁面上的位置对收缩系数 ε 有直接影响，继而也影响流量系数 μ 的值。

图 5-4 表示孔口在壁面上的位置。当孔口离容器的各个壁面都有一定的距离时，流束在

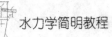

孔口四周各方向上均能发生收缩，称此现象为全部收缩，如图 5-4 中的孔口 1 和 2；否则当孔口与容器的壁面存在重合时，称为不全部收缩，如图 5-4 中的孔口 3 和 4。

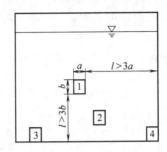

图 5-4 壁面上的孔口位置

全部收缩又可分为完善收缩和不完善收缩。当孔口离容器各个壁面的距离均大于孔口边长的 3 倍以上，流束在孔口四周各方向可以充分地收缩，容器壁面对流束的收缩没有影响，称之为完善收缩，如图 5-4 中孔口 1；否则称为不完善收缩，如图 5-4 中孔口 2。

5.1.2 薄壁大孔口恒定出流

大孔口恒定出流仍采可用式(5-7)或式(5-12)进行计算。但应注意，式中 H_0 为大孔口形心的作用水头。实际工程中，大孔口恒定出流几乎都是不全部收缩和不完善收缩，其流量系数往往都大于小孔口流量系数。大孔口的流量系数可参考表 5-1。

表 5-1 大孔口流量系数 μ 值

孔口收缩情况	流量系数 μ
中型孔口出流，全部收缩	0.65
大型孔口出流，全部、不完善收缩	0.70
底孔出流，底部无收缩，两侧收缩显著	0.65～0.70
底孔出流，底部无收缩，两侧收缩适度	0.70～0.75
底孔出流，底部和两侧均无收缩	0.80～0.85

5.2 水流经管嘴的恒定出流

【学习目标】 了解管嘴分类，掌握管嘴出流的基本计算方法、真空度的计算及出流条件。

若厚壁孔口的壁厚为孔口直径的 3～4 倍,或在薄壁孔口外接一段管长 $L = (3～4)d$ 短管,并在出口断面满流,这样的短管称为管嘴,如图 5-5 所示。若管嘴不伸入容器内,称外管嘴 [图 5-5(a)、(c)、(d)、(e)];若管嘴伸入到容器内,称内管嘴[图 5-5(b)]。按管嘴的形状及其连接方式,又可分为以下几种。

(1) 圆柱形外管嘴和圆柱形内管嘴,分别如图 5-5(a)、图 5-5(b)所示。

(2) 圆锥形收缩管嘴和圆锥形扩散管嘴,分别如图 5-5(c)、图 5-5(d)所。

(3) 流线型管嘴,如图 5-5(e)所示。

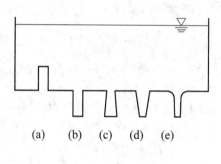

图 5-5 管嘴形式

流体经管嘴并且在管嘴出口断面满管流出的流动现象称为管嘴出流。管嘴出流的特点是:当流体进入管嘴后,同样形成收缩,在收缩断面处流体与管壁分离,形成旋涡区,然后又逐渐扩大,在管嘴出口断面上,流体完全充满整个断面。各种管嘴出流的计算方法基本相同,本节主要讨论常见的外管嘴即圆柱形管嘴出流的计算方法。圆柱形外管嘴出流也分自由出流和淹没出流两种情况,淹没出流和自由出流的推导方法相同,下面以圆柱形外管嘴自由出流为例进行叙述。

5.2.1 圆柱形外管嘴的恒定出流计算

如图 5-6 所示,与自由出流相同,以 0 - 0 为基准面,列上游水箱 1 - 1 断面和管嘴出口 2 - 2 断面能量方程,即

$$H + \frac{p_a}{\rho g} + \frac{\alpha_1 v_1^2}{2g} = 0 + \frac{p_a}{\rho g} + \frac{\alpha_2 v_2^2}{2g} + h_{w1\text{-}2} \tag{5-14}$$

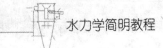
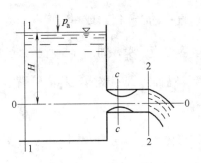

图 5-6　管嘴出流

式中，$h_{w1\text{-}2}$ 为从 1-1 断面到 2-2 断面的能量损失，包括水流流经孔口的局部损失和经收缩断面后突然扩大的局部损失。由于短管的沿程损失很小，可以忽略不计，即

$$h_{w1\text{-}2} = \xi_1 \frac{v}{2g} + \xi_2 \frac{v_2^2}{2g} \tag{5-15}$$

令 $H_0 = H + \dfrac{\alpha_1 v_1^2}{2g}$，将式(5-15)代入式(5-14)，整理得

$$H_0 = \xi_1 \frac{v_c^2}{2g} + \xi_2 \frac{v_2^2}{2g} + \frac{\alpha_2 v_2^2}{2g} \tag{5-16}$$

可得

$$H_0 = [\alpha_2 + \xi_1 + \xi_2] \frac{v_2^2}{2g} \tag{5-17}$$

管嘴出流流速为

$$v_2 = \frac{1}{\sqrt{\alpha_2 + \xi_1 + \xi_2}} \cdot \sqrt{2gH_0} = \varphi \sqrt{2gH_0} \tag{5-18}$$

管嘴出流流量为

$$Q = v_2 A = \varphi A \sqrt{2gH_0} = \mu A \sqrt{2gH_0} \tag{5-19}$$

式中，$\varphi = \dfrac{1}{\sqrt{\alpha_2 + \xi_1 + \xi_2}}$ 为管嘴流速系数，实验研究表明，管嘴损失系数通常趋于一稳定数

值，即 $\xi_1 + \xi_2 = 0.5$，又 $\alpha_2 = 1$，则 $\varphi = \mu = \dfrac{1}{\sqrt{1+0.5}} = 0.82$；$\mu$ 为管嘴流量系数，当管嘴出流

时，水流充满出口全部周界，因而收缩系数等于 1，故管嘴出流的流速系数等于流量系数，

则 $\mu = \varphi = 0.82$；A 为管嘴过水断面面积。

　　管嘴出流公式为在形式上与孔口出流公式相同，但管嘴的流量系数($\mu = 0.82$)比孔口出

流的($\mu = 0.62$)大。在相同的水头作用下，同样断面面积的管嘴过水能力比孔口大，所以，

工程上常用的泄水装置是管嘴。

5.2.2　圆柱形外管嘴内的真空度

在孔口处加上管嘴后，过水能力增大了，就是由于管嘴在收缩断面 $c\text{-}c$ 处存在真空的作用。下面分析管嘴收缩断面真空度的大小。

如图 5-6 所示，以 $0\text{-}0$ 为基准面，列上游 1-1 断面和收缩断面 $c\text{-}c$ 的能量方程为

$$H + \frac{p_a}{\rho g} + \frac{\alpha_1 v_1^2}{2g} = \frac{p_c}{\rho g} + \frac{\alpha_c v_c^2}{2g} + \xi \frac{v_c^2}{2g} \tag{5-20}$$

式中，ξ 为局部水头损失系数，与孔口自由出流的系数相同。令 $H_0 = H + \dfrac{\alpha_1 v_1^2}{2g}$，1-1 断面，自由液面相对压强为零，一并代入式(5-20)得

$$H_0 = \frac{p_c}{\rho g} + (\alpha_c + \xi) \frac{v_c^2}{2g} \tag{5-21}$$

经变换得孔口淹没出流的基本公式为

$$v_c = \frac{1}{\sqrt{\alpha_c + \xi}} \sqrt{2gH_0 - \frac{p_c}{\rho g}} = \varphi \sqrt{2gH_0 - \frac{p_c}{\rho g}} \tag{5-22}$$

式中，$\varphi = \dfrac{1}{\sqrt{\alpha_c + \xi}}$ 为管嘴出流的流速系数，与孔口出流的流速系数基本相同。

通过管嘴的水流流量为

$$Q = v_c A_c = \varepsilon A \varphi \sqrt{2gH_0 - \frac{p_c}{\rho g}} = \mu A \sqrt{2gH_0 - \frac{p_c}{\rho g}} \tag{5-23}$$

式中，ε 为孔口的收缩系数，即 $\varepsilon = \dfrac{A_c}{A}$；$\mu$ 为管嘴出流的流量系数，即 $\mu = \varepsilon \varphi$。这两个系数与孔口出流的值是相同的。

比较式(5-7)和式(5-23)，当孔口和管嘴的断面面积相同，即 μ 和 A 相同，因管嘴流量比孔口的大，则可以推出 $\dfrac{p_c}{\rho g}$ 为负值，即 $c\text{-}c$ 断面存在真空。

下面以 0-0 为基准面，列 $c\text{-}c$ 断面和 1-1 断面的能量方程，来推求 $\dfrac{p_c}{\rho g}$ 的值，即

$$0 + \frac{p_c}{\rho g} + \frac{\alpha_c v_c^2}{2g} = 0 + \frac{p_a}{\rho g} + \frac{\alpha_2 v_2^2}{2g} + h_{wc-2} \tag{5-24}$$

式中，h_{wc-2} 为收缩断面后突然扩大的局部损失，$h_{wc-2} = \xi_2 \dfrac{v_2^2}{2g}$；由表 4-5 可知 $\xi_2 = \left(\dfrac{A_2}{A_c} - 1 \right)^2$，及 $v_c = \dfrac{v_2}{\varepsilon}$ 及代入式(5-24)，经整理得

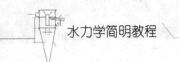

$$\frac{p_a - p_c}{\rho g} = \left[\frac{\alpha_c}{\varepsilon^2} - \alpha_2 - \left(\frac{1-\varepsilon}{\varepsilon} \right)^2 \right] \frac{v_2^2}{2g} \tag{5-25}$$

将式(5-18)代入式(5-25)，可得

$$\frac{p_a - p_c}{\rho g} = \left[\frac{\alpha_c}{\varepsilon^2} - \alpha_2 - \left(\frac{1-\varepsilon}{\varepsilon} \right)^2 \right] \varphi^2 H_0 \tag{5-26}$$

取 $\alpha_c = \alpha_2 = 1.0$；对于圆柱形外管嘴，由实验测得 $\varepsilon = 0.64$、$\varphi = 0.82$。则管嘴收缩断面的真空度为

$$\frac{p_v}{\rho g} = \frac{p_a - p_c}{\rho g} = 0.756 H_0 \tag{5-27}$$

由此说明管嘴收缩断面处的真空度可达作用总水头的 0.756 倍，相当于把管嘴的作用总水头增加了 75%。所以过水能力得到增大。

5.2.3　圆柱形外管嘴的出流条件

从式(5-27)可以看出，作用总水头 H_0 越大，收缩断面的真空度越大。根据实验结果，当真空度达到 7m 以上时，由于液体在低于饱和蒸汽压时将发生汽化，或空气由管嘴出口处吸入，从而使真空破坏。所以管嘴的作用水头必须满足的条件为

$$H_0 < [H_0] = \frac{7}{0.75} \approx 9 \,(\text{m}) \tag{5-28}$$

此外，对管嘴的长度也有限制。如果管嘴过短，水流收缩后来不及扩散到整个断面，则不能形成真空区；反之，管嘴太长，则沿程水头损失增大，流量反而减小。一般管嘴的长度应为管嘴直径的 3～4 倍。

例 5-1　水箱侧壁一完善收缩的薄壁小圆孔外接圆柱形外管嘴，如图 5-7 所示。已知直径 $d=2\text{cm}$，水头 $H=2.0\text{m}$(不计流速行进水头)，已知流量系数 $\mu = 0.82$，试求流量及管嘴内的真空度。

解： 由式(5-19)可知，$Q = \mu A \sqrt{2gH_0}$，

则 $Q = 0.82 \times \dfrac{\pi \times 0.02^2}{4} \times \sqrt{2 \times 9.8 \times 2}\,\text{m}^3/\text{s} = 0.00161\text{m}^3/\text{s}$

则 $\dfrac{p_v}{\rho g} = h_v = 0.75 H_0 \doteq 0.75 H = 0.75 \times 2\text{m} = 1.5\text{mH}_2\text{O}$

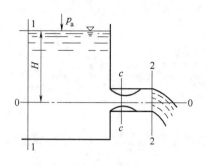

图 5-7　例 5-1 图

5.3　简单管道水力计算

【学习目标】了解管道的分类，掌握简单管道短管的自由出流和淹没出流，长管的水力计算，掌握简单管道水力计算的应用。

管路是组成工程实际中输送流体运动的重要组成设备，其水力计算方法与前面的孔口、管嘴出流计算相似，只是需要同时考虑沿程水头损失和局部水头损失。

根据局部水头损失占沿程水头损失比例的大小，可将管道分为长管和短管。在管道系统中，如果管道的水头损失以沿程水头损失为主，局部水头损失和流速水头所占比例很小(通常小于 5%)，在计算中可以忽略，这样的管道称为长管；否则，称为短管。必须注意，长管和短管不是简单地从管道长度来区分的，而是按局部水头损失和流速水头所占比例大小来划分的。实际计算中，水泵装置、水轮机装置、虹吸管、倒虹吸管、坝内泄水管等均应按短管计算；远距离输水管等可认为是长管。

根据管道的平面布置情况，可将管道系统分为简单管道和复杂管道两大类。简单管道是指管径不变且无分支的管道。水泵的吸水管、虹吸管等都是简单管道的例子。由两根以上管道组成的管道系统称为复杂管道。各种不同直径管道组成的串联管道、并联管道、枝状和环状管网等都是复杂管道的例子。

本节主要介绍简单管道短管、长管的基本计算公式，并以虹吸管、倒虹吸管及离心泵管路系统为例介绍实际工程中的应用。

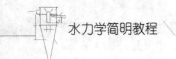

5.3.1 短管的水力计算

1. 短管自由出流

如图 5-8 所示，水由水池经短管流入大气，这种情况属于自由出流。以 0-0 为基准面，列上游水箱下 1-1 断面和下游出口 2-2 断面能量方程为

$$H + \frac{p_a}{\gamma} + \frac{\alpha_1 v_1^2}{2g} = 0 + \frac{p_a}{r} + \frac{\alpha_2 v_2^2}{2g} + h_{w1\text{-}2} \tag{5-29}$$

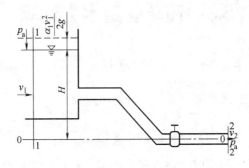

图 5-8　短管自由出流水力计算

作用水头 $H_0 = H + \dfrac{\alpha_1 v_1^2}{2g}$；1-1 断面和 2-2 断面相对压强为零，则 $\dfrac{p_a}{\gamma} = 0$；水头损失 $h_{w1\text{-}2}$ 为从 1-1 断面到 2-2 断面的所有的沿程损失和局部损失之和。水头损失 h_w 可表示为

$$h_w = \sum h_f + \sum h_j = \sum_i \lambda_i \frac{l_i}{d_i} \frac{v_i^2}{2g} + \sum_k \xi_k \frac{v_k^2}{2g} \tag{5-30}$$

式中，第 i 段管道的直径为 d_i、长度为 l_i、流速为 v_i、沿程损失系数为 λ_i；ξ_k 为某处的局部损失系数。

则

$$H_0 = \frac{\alpha_2 v_2^2}{2g} + \sum_i \lambda \frac{l_i}{d_i} \frac{v_i^2}{2g} + \sum_k \xi_k \frac{v_k^2}{2g} \tag{5-31}$$

对于管径不变的简单管道，并取 $\alpha_2 = 1$，式(5-30)简化为

$$H_0 = \left(1 + \sum \lambda \frac{l}{d} + \sum \xi\right) \frac{v_2^2}{2g} \tag{5-32}$$

将式(5-30)整理得

$$v_2 = \frac{1}{\sqrt{1 + \sum \lambda \dfrac{l}{d} + \sum \xi}} \sqrt{2gH_0} \qquad (5\text{-}33)$$

若管道出口断面为 A，则管道的流量为

$$Q = v_2 A = \frac{1}{\sqrt{1 + \sum \lambda \dfrac{l}{d} + \sum \xi}} A\sqrt{2gH_0} = \mu_c A\sqrt{2gH_0} \qquad (5\text{-}34)$$

式中，μ_c 为短管的流量系数，有

$$\mu_c = \frac{1}{\sqrt{1 + \sum \lambda \dfrac{l}{d} + \sum \xi}} \qquad (5\text{-}35)$$

一般水池液面面积远大于管出口面积，v_1 较小，可以忽略不计，则作用水头 $H_0 \approx H$，则式(5-32)改写成

$$Q = \mu_c A\sqrt{2gH} \qquad (5\text{-}36)$$

2. 短管淹没出流

如图 5-9 所示，水由上游水池经短管流入下游水池，这种情况属于淹没出流。以下游水池水面 0-0 为基准面，列上游水箱下 1-1 断面和下游水箱 2-2 断面能量方程为

$$H + \frac{p_a}{\gamma} + \frac{\alpha_1 v_1^2}{2g} = 0 + \frac{p_a}{r} + \frac{\alpha_2 v_2^2}{2g} + h_{w1\text{-}2} \qquad (5\text{-}37)$$

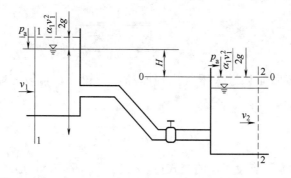

图 5-9　短管淹没出流水力计算

作用水头 $H_0 = H + \dfrac{\alpha_1 v_1^2}{2g}$；1-1 断面和 2-2 断面相对压强为零，则 $\dfrac{p_a}{\gamma} = 0$；水头损失 $h_{w1\text{-}2}$ 为从 1-1 断面到 2-2 断面的所有沿程损失和局部损失之和，与自由出流相比，水头损失增加了一个出口的局部水头损失，一般下游水箱过水断面面积远远大于管道横截面积，所以出口处的局部阻力系数 ξ_s 可以取 1。则水头损失 h_w 可表示为

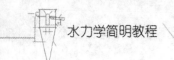

$$h_{\mathrm{w}} = \sum h_{\mathrm{f}} + \sum h_{\mathrm{j}} = \sum_i \lambda_i \frac{l_i}{d_i} \frac{v_i^2}{2g} + \sum_k \xi_k \frac{v_k^2}{2g} \tag{5-38}$$

式中，第 i 段管道的直径为 d_i、长度为 l_i、流速为 v_i、沿程损失系数为 λ_i；ξ_k 为某处的局部损失系数。

则

$$H_0 = \frac{\alpha_2 v_2^2}{2g} + \sum_i \lambda_i \frac{l_i}{d_i} \frac{v_i^2}{2g} + \sum_k \xi_k \frac{v_k^2}{2g} \tag{5-39}$$

对于管径不变的简单管道，并下游水池液面面积远大于管出口面积，v_2 较小，可以忽略不计，式(5-37)简化为

$$H_0 = \left(\sum \lambda \frac{l}{d} + \sum \xi \right) \frac{v_2^2}{2g} \tag{5-40}$$

将式(5-38)整理得

$$v_2 = \frac{1}{\sqrt{\sum \lambda \dfrac{l}{d} + \sum \xi}} \sqrt{2gH_0} \tag{5-41}$$

若管道出口断面为 A，则管道的流量为

$$Q = v_2 A = \frac{1}{\sqrt{\sum \lambda \dfrac{l}{d} + \sum \xi}} A\sqrt{2gH_0} = \mu_{\mathrm{c}} A\sqrt{2gH_0} \tag{5-42}$$

式中，μ_{c} 为短管的流量系数，有

$$\mu_{\mathrm{c}} = \frac{1}{\sqrt{\sum \lambda \dfrac{l}{d} + \sum \xi}} \tag{5-43}$$

一般上游水池液面面积远大于管出口面积，v_1 较小，可以忽略不计，则作用水头 $H_0 \approx H$，则式(5-40)改写成

$$Q = \mu_{\mathrm{c}} A\sqrt{2gH} \tag{5-44}$$

对比短管自由出流和淹没出流的公式可以看出，二者的公式形式及流量系数均相同。但自由出流的作用水头是短管出口中心与上游水箱水位的高差，而淹没出流的作用水头是上下游两水箱的水位差。此外，两种管路中的压强不相同。

3. 短管水力计算问题

(1) 计算输水能力。

已知管道布置形式、管长、管径、作用水头，求管道通过的流量。可按简单管道水力

计算式计算流量。

例 5-2　一圆形有压涵管，管道内满流(图 5-10)，已知上、下游水位差 H=1.5m，管长 L=15m，沿程阻力系数 λ=0.04，$\sum \xi$=1.5，流量 Q=2.5m³/s，试求涵管的直径 d。

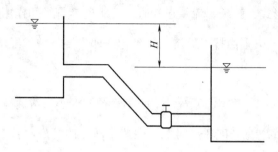

图 5-10　例 5-2 图

解：由淹没短管流量系数公式(5-41)知：

$$\mu_c = \frac{1}{\sqrt{\sum \lambda \frac{l}{d} + \sum \xi}} = \frac{1}{\sqrt{0.04 \frac{15}{d} + 1.5}}$$

由淹没短管流量公式(5-42)知：

$$A = \frac{Q}{\mu \sqrt{2gH_0}}$$

即

$$\frac{1}{4} \pi d^2 = \frac{2.5}{\frac{1}{\sqrt{0.04 \frac{15}{d} + 1.5}} \sqrt{2 \times 9.8 \times 1.5}}$$

化简后有：$d^5 - 0.52d - 0.21 = 0$

可由试算法得 d=0.93m。在工程实践中常选接近或稍大于该值的标准涵管尺寸。

(2)　计算作用水头。

已知管道布置形式、管长、管径、流量，求作用水头。可按简单管道水力计算公式计算作用水头。

(3)　确定管径。

①　已知管道布置形式、管长、流量、作用水头，求管径。此时管径是一个确定的数值，完全由水力学条件确定。

对长管 $K = \frac{Q}{\sqrt{h/l}}$，求出流量模数之后，可直接求得管径。

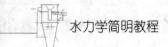

对短管 $d = \sqrt{\dfrac{4Q}{\pi\mu_c\sqrt{2gH_0}}}$。

此时不能直接求解，需试算确定管径。

②　当管道布置形式、管长、流量已知时，要求确定管径和作用水头两者。

这种情况下，管径 d 则由技术经济条件确定，即需要从技术经济两方面综合考虑确定管径。

从管道使用的技术要求考虑，流量一定时，管径的大小与流速有关。若管内流速过大，会由于水击作用而使管道遭到破坏；对水流中挟带泥沙的管道，管道流速又不能过小，流速太小往往造成管道淤积。一般要求水电站引水管道 $v \leqslant 5\sim6\ \mathrm{m/s}$，一般给水管道 $v \leqslant 2.5\sim3.0\ \mathrm{m/s}$，同时要求 $v > 0.25\mathrm{m/s}$。

从管道的经济效益考虑，选择的管径较小，管道造价较低，但管内流速大，水头损失增大，年运行费高；反过来，选择的管径较大，管道造价较高，但管内流速小，水头损失小，年运行费低。针对这种情况，提出了经济流速的概念。经济流速是指管道投资与年运行费总和最小时的流速，相应的管径称为经济管径。即采用经济流速来确定管径。根据经验，水电站压力隧洞的经济流速为 $2.5\sim3.5\mathrm{m/s}$，压力钢管为 $3\sim6\mathrm{m/s}$。一般的给水管道，$d=100\sim200\mathrm{mm}$，$v_e = 0.6\sim1.0\mathrm{m/s}$；$d=200\sim400\mathrm{mm}$，$v_e = 1.0\sim1.4\mathrm{m/s}$。

经济流速涉及的因素较多，比较复杂。选择时应注意因时因地而异。重要的工程应选择几个方案进行技术经济比较。选定经济流速之后，经济管径可按下式计算，即

$$d_e = \sqrt{\dfrac{4Q}{\pi v}}$$

求出 d_e 并进行规格化处理后，验证管道流速，要求这个流速值必须满足管道使用上对流速的技术要求。

当确定管径后，作用水头的计算按上述第二种类型计算即可。

(4)　确定断面压强的大小。

已知管线布置、管长、管径、流量及作用水头，求某一断面压强的大小。可按简单管道水力计算公式计算。

5.3.2　长管的水力计算

如图 5-11 所示，设有一长管直径 d、长度为 l，上游与水箱连接、下游与大气接触，上游水箱液面与管出口间高差为 H，以下游出口 0-0 为基准面，列1-1和2-2断面能量方程，得

$$H + \frac{p_\mathrm{a}}{\gamma} + \frac{\alpha_1 v_1^2}{2g} = 0 + \frac{p_\mathrm{a}}{\gamma} + \frac{\alpha_1 v_2^2}{2g} + h_\mathrm{w1\text{-}2} \tag{5-45}$$

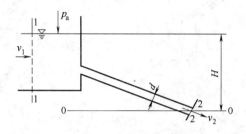

图 5-11　长管水力计算

因水池液面较大，$v_1 \approx 0$，行进流速水头 $\frac{\alpha_1 v_1^2}{2g} \approx 0$。长管忽略局部水头损失和出口速度水头，则式(5-45)可简化为

$$H = h_\mathrm{w1\text{-}2} = h_\mathrm{f1\text{-}2} = \lambda \frac{l}{d} \frac{v_2^2}{2g} \tag{5-46}$$

若已知管道流量 Q，由连续性方程，则管道出口平均流速 $v_2 = \frac{4Q}{\pi d^2}$，代入上式得

$$H = \frac{8\lambda}{g\pi^2 d^5} l Q^2 \tag{5-47}$$

令 $S = \frac{8\lambda}{g\pi^2 d^5}$，则式(5-45)可以改写为

$$H = S l Q^2 \tag{5-48}$$

式中，S 为管道比阻，是指单位流量通过单位长度管道所需水头。管道比阻 S 取决于管径 d 和沿程阻力系数 λ。

5.3.3　简单管道水力计算的应用

1. 虹吸管

虹吸管是指一部分管轴线高于上游水面，而出口又低于上游水面的有压输水管道。出

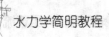

口可以是自由出流，也可以是淹没出流。倒虹吸管与虹吸管正好相反(图 5-12)，管道一般低于上下游水面，依靠上下游水位差的作用进行输水。倒虹吸管常用在不便直接跨越的地方。例如，过江有压涵管，埋设在铁路、公路下的输水涵管等。倒虹吸管的管道一般不太长，也可按短管计算。

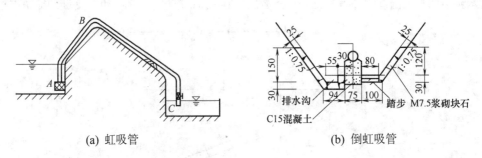

(a) 虹吸管　　　　　　　　　　(b) 倒虹吸管

图 5-12　虹吸管与倒虹吸管

虹吸管的工作原理是：先将管内空气排出，使管内形成一定的真空度，由于虹吸管进口处水流的压强大于大气压强，在管内外形成了压强差，从而使水流由压强大的地方流向压强小的地方。保证在虹吸管中形成一定的真空度和一定的上下游水位差，水就可以不断地从上游经虹吸管流向下游。

但虹吸管的真空度过大时，会汽化产生气泡，将破坏虹吸管的正常工作，一般虹吸管顶部的允许真空度限制在 6～7m 以下。

虹吸管引水、输水已广泛地用于实际工程中，如黄河下游虹吸管引黄灌溉，给水虹吸滤池，水工中的虹吸溢洪道等都是利用虹吸管原理进行工作的。

虹吸管水力计算主要是确定虹吸管输水量和虹吸管顶部的允许安装高程两个问题。

例 5-3　利用虹吸管将渠道中的水输到集水池，如图 5-13 所示。已知虹吸管管径 $d=100$ mm，管长 $l_1=100$ mm，$l_2=100$ mm，$l_3=100$ mm，沿程阻力系数 $\lambda=0.03$，中间有 60° 的两个弯头，进水底阀、弯头、出口的局部损失系数分别为 $\xi_1=3.0$、$\xi_2=\xi_3=0.55$、$\xi_4=1.0$。渠道与集水池的水位可视为恒定，其水位差 $z=0.6$ m。虹吸管允许的真空高度 $h_v=7$ mH$_2$O。试求虹吸管的输水流量 Q 和顶部的允许安装高度 h_s。

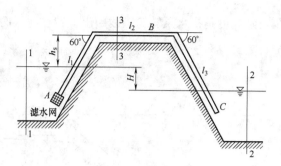

图 5-13　例 5-3 图

解：设虹吸管进出水过流断面 1-1 和 2-2，并将两断面分别与水面的交点取为控制计算点，列出伯努利方程：

$$z + \frac{p_a}{\gamma} + \frac{\alpha_1 v_1^2}{2g} = 0 + \frac{p_a}{r} + \frac{\alpha_1 v_2^2}{2g} + h_w$$

由于水面面积均很大，v_1 和 v_2 一般较小，可以忽略不计，则 $z = h_w$，而

$$h_w = \left(\lambda \frac{l}{d} + \sum_{i=1}^{4} \xi_i \right) \frac{v^2}{2g}$$

即 $0.6 = \left(0.03 \times \frac{100+100+100}{0.1} + 3.0 + 2 \times 0.55 + 1.0 \right) \frac{v^2}{2g}$

解得 $v = 0.12\,(\text{m/s})$

由连续性方程得 $Q = AV = \frac{\pi}{4} d^2 v = \frac{\pi}{4} \times 0.1^2 \times 0.12 = 9.42 \times 10^{-4}\,(\text{m}^3/\text{s})$

虹吸管顶部的允许安装高度 h_s 处的真空度最大，故以断面 1-1 与渠道水面的交点和顶部断面 3-3 与管轴线交点取为控制计算点，列出伯努利方程：

$$0 + \frac{p_a}{\gamma} + \frac{v_1^2}{2g} = h_s + \frac{p_3}{r} + \frac{v^2}{2g} + h_{w1\text{-}3}$$

$$h_v = \frac{p_a - p_3}{\gamma} = h_s + \frac{v^2}{2g} + h_{w1\text{-}3}$$

因此，$h_s = h_v - \frac{v^2}{2g} - h_{w1\text{-}3}$

$$= 7.0 - \left(1 + 0.03 \times \frac{100+100}{0.1} + 3.0 + 2 \times 0.55 \right) \times \frac{0.12^2}{2g} = 6.95\,(\text{m})$$

2. 离心泵管道系统水力计算

吸水管、离心泵及其配套的动力机械、压水管及其管道附件组成了离心泵装置，如图 5-14 所示。离心泵管路系统水力计算的主要任务是确定水泵的安装高度、水泵扬程及水

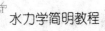

泵的装机容量。离心泵安装高度是指水泵转轮轴线超出上游水池水面的几何高度。

(1) 水泵的最大允许安装高程 z_s。主要取决于水泵的最大允许真空度 h_v 和吸水管的水头损失 $h_{w吸}$。

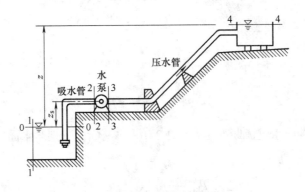

图 5-14　水泵装置

以 0-0 为基准面，列 1-1 和 2-2 断面能量方程，得水泵安装高度计算式为

$$z_s = \frac{p_a - p_2}{\rho g} - \frac{\alpha_1 v^2}{2g} - h_{w1-2} \tag{5-49}$$

式中，$\dfrac{p_a - p_2}{\rho g}$ 为水泵进口断面的真空度。过大的真空度将引起过泵水流的空化现象，严重的空化将导致过泵流量减少和水泵叶轮的空蚀。这样，就不能保证泵的正常工作。为此，各水泵制造商对各种型号水泵的允许真空值都有规定。应用过程中应从产品样本中查阅相应型号水泵的允许真空值，避免粗略估算。水泵的安装高度要受到允许吸上真空高度的限制。

(2) 水泵的扬程 H。

单位重量液体从水泵获得的能量称为水泵扬程。对图 5-14 所示的水泵管路系统，以 0-0 为基准面，列 1-1 和 4-4 断面能量方程，得水泵扬程为

$$H = z + h_{w1-4} \tag{5-50}$$

式中：z 为上下游水位差，即给水高度。

式(5-50)表明：水泵的扬程一方面用来将水提升几何给水高度 z；另一方面用来克服整个水泵管路系统的水头损失 h_w。

(3) 确定水泵的装机容量(轴功率) N。

水泵在单位时间内所做的轴功率为

$$N = \frac{\rho g Q H}{\eta} \qquad (5\text{-}51)$$

式中，η 为水泵效率。

例 5-4　用水泵把水池中的水输送到水塔上去，如图 5-15 所示。抽水量为 $0.28\text{m}^3/\text{s}$，管路总长(包括吸水管和压水管)为 1000m，管径 $d=500\text{mm}$，沿程阻力系数 $\lambda=0.025$，局部阻力系数之和为 $\sum \xi = 6.5$，吸水池水面到水塔水面的液面高差 $H_1=20\text{m}$，求水泵的扬程 H。

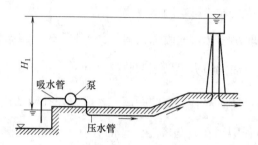

图 5-15　例 5-4 图

解：由连续性方程得 $V = \dfrac{Q}{A} = \dfrac{0.28}{\dfrac{\pi}{4}(0.5)^2} = 1.43(\text{m/s})$

由能量方程得 $H = H_1 + \left(\lambda \dfrac{L}{d} + \sum \xi \right) \dfrac{v^2}{2g}$

即 $H = \left[20 + \left(0.025 \times \dfrac{1000}{0.5} + 6.5 \right) \dfrac{1.43^2}{2g} \right] = 25.89(\text{m})$

本章小结

孔口、管嘴和有压管道流动是实际工程中常见的流动典型问题。本章以连续性方程、能量方程及水头损失规律为理论基础，分析和解决孔口、管嘴及有压管道的水力计算问题。

1. 孔口出流

按照孔壁厚度及形状对出流的影响，可将孔口出流分为薄壁孔口出流和厚壁孔口出流。如果壁厚不影响水的出流，水流与孔壁的接触仅在一条轴线上，称为薄壁孔口；反之，则称为厚壁孔口。

(1)　孔口自由出流的流量公式为

$$Q = v_c A_c = \varepsilon A \varphi \sqrt{2g H_0} = \mu A \sqrt{2g H_0}$$

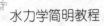

式中，φ 为孔口的流速系数；ε 为孔口的收缩系数；μ 为孔口的流量系数，$\mu = \varepsilon\varphi$。

(2) 孔口淹没出流的基本式为

$$Q = v_c A_c = \varepsilon A\varphi\sqrt{2gH_0} = \mu A\sqrt{2gH_0}$$

式中，φ 为孔口的流速系数；ε 为孔口的收缩系数；μ 为孔口的流量系数，$\mu = \varepsilon\varphi$。

可见，薄壁小孔口恒定淹没出流和自由出流的基本式在形式上完全相同。

(3) 收缩系数与流量系数的影响因素。

孔口出流性能主要取决于孔口的收缩系数 ε、流速系数 φ 和流量系数 μ，而流速系数 φ 和流量系数 μ 取决于孔口局部阻力系数 ξ 和收缩系数 ε。

当孔口离容器的各个壁面都有一定的距离时，流束在孔口四周各方向上均能发生收缩，称此现象为全部收缩；否则当孔口与容器的壁面存在重合时，称为不全部收缩。全部收缩又可分为完善收缩和不完善收缩。当孔口离容器各个壁面的距离均大于孔口边长的 3 倍以上，流束在孔口四周各方向可以充分地收缩，容器壁面对流束的收缩没有影响，称之为完善收缩；否则称为不完善收缩。

2. 管嘴出流

若厚壁孔口的壁厚为孔口直径的3～4倍，或在薄壁孔口外接一段管长 $L = (3\sim4)d$ 短管，并在出口断面满流，这样的短管称为管嘴。若管嘴不伸入容器内，称外管嘴；若管嘴伸入到容器内，称内管嘴。

流体经管嘴并且在管嘴出口断面满管流出的流动现象称为管嘴出流。

(1) 圆柱形外管嘴自由出流基本式为

$$Q = v_2 A = \varphi A\sqrt{2gH_0} = \mu A\sqrt{2gH_0}$$

式中，$\varphi = \dfrac{1}{\sqrt{\alpha_2 + \xi_1 + \xi_2}}$ 为管嘴流速系数；μ 为管嘴流量系数。

(2) 圆柱形外管嘴内的真空度。

在孔口处加上管嘴后，过水能力增大了，就是由于管嘴在收缩断面 *c-c* 处存在真空的作用。管嘴收缩断面的真空度为

$$\frac{p_v}{\rho g} = \frac{p_a - p_c}{\rho g} = 0.756H_0$$

由此说明管嘴收缩断面处的真空度可达作用总水头的 0.756 倍，相当于把管嘴的作用总水头增加了 75%。所以过水能力得到增大。

(3) 圆柱形外管嘴的出流条件。

管嘴的作用水头必须满足的条件为

$$H_0 < [H_0] = \frac{7}{0.75} \approx 9 \, (\text{m})$$

对管嘴的长度也有限制。一般管嘴的长度应为管嘴直径的 3～4 倍。

3. 简单管道水力计算

根据局部水头损失占沿程水头损失比例的大小，可将管道分为长管和短管。在管道系统中，如果管道的水头损失以沿程水头损失为主，局部水头损失和流速水头在计算中忽略不计，这样的管道称为长管；否则，称为短管。

根据管道的平面布置情况，可将管道系统分为简单管道和复杂管道两大类。简单管道是指管径不变且无分支的管道。由两根以上管道组成的管道系统称为复杂管道。

本小节主要介绍简单管道短管、长管的基本计算公式，并以虹吸管、倒虹吸管及离心泵管路系统为例介绍实际工程中的应用。

(1) 短管的水力计算。

① 短管自由出流的流量为

$$Q = v_2 A = \frac{1}{\sqrt{1 + \sum \lambda \dfrac{l}{d} + \sum \xi}} A\sqrt{2gH_0} = \mu_c A \sqrt{2gH_0}$$

式中，μ_c 为短管的流量系数，$\mu_c = \dfrac{1}{\sqrt{1 + \sum \lambda \dfrac{l}{d} + \sum \xi}}$

② 短管淹没出流的流量为

$$Q = v_2 A = \frac{1}{\sqrt{\sum \lambda \dfrac{l}{d} + \sum \xi}} A\sqrt{2gH_0} = \mu_c A \sqrt{2gH_0}$$

式中，μ_c 为短管的流量系数，$\mu_c = \dfrac{1}{\sqrt{\sum \lambda \dfrac{l}{d} + \sum \xi}}$

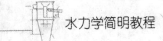

③ 短管水力计算问题。

其包括输水能力、作用水头、管径、断面压强的大小等的计算。

已知管线布置、管长、管径、流量及作用水头，求某一断面压强的大小。可按简单管道水力计算式计算。

(2) 长管的水力计算。

$$H = SlQ^2$$

式中，$S = \dfrac{8\lambda}{g\pi^2 d^5}$，$S$ 为管道比阻，是指单位流量通过单位长度管道所需水头。管道比阻 S 取决于管径 d 和沿程阻力系数 λ。

(3) 简单管道水力计算的应用。

① 虹吸管。虹吸管是指一部分管轴线高于上游水面，而出口又低于上游水面的有压输水管道。出口可以是自由出流，也可以是淹没出流。虹吸管水力计算主要是确定虹吸管输水量和虹吸管顶部的允许安装高程两个问题。

② 离心泵管道系统水力计算。吸水管、离心泵及其配套的动力机械、压水管及其管道附件组成了离心泵装置。离心泵管路系统水力计算的主要任务是确定水泵的安装高度、水泵扬程及水泵的装机容量。离心泵安装高度是指水泵转轮轴线超出上游水池水面的几何高度。

水泵的最大允许安装高程 z_s，主要取决于水泵的最大允许真空度 h_v 和吸水管的水头损失 $h_{w吸}$。

$$z_s = \frac{p_a - p_2}{\rho g} - \frac{\alpha_1 v^2}{2g} - h_{w1\text{-}2}$$

式中，$\dfrac{p_a - p_2}{\rho g}$ 为水泵进口断面的真空度。

水泵的扬程 H，单位重量液体从水泵获得的能量称为水泵扬程。水泵扬程为

$$H = z + h_{w1\text{-}4}$$

水泵在单位时间内所做的轴功率为

$$N = \frac{\rho g Q H}{\eta}$$

式中，η 为水泵效率。

习题

思考题

5-1　为什么淹没出流无"大"、"小"孔口之分？

5-2　何为短管和长管？判别标准是什么？在水力学中为什么引入这个概念？

5-3　如果某管为短管，但欲采用长管计算公式，怎么办？

5-4　若管嘴出口面积和孔口面积相等，且作用水头 H 也相等，为什么管嘴出流量要比孔口出流量大？并写出管嘴收缩断面处真空高度的表达式。

计算题

5-1　在混凝土坝中设置一泄水管，如图 5-16 所示，管长 $l = 4\,\text{m}$，管轴处的水头 $H = 6\,\text{m}$，现需通过流量 $q_{\text{V}} = 10\,\text{m}^3/\text{s}$，若流量系数 $\mu = 0.82$，试决定所需管径 d，并求管道水流收缩断面处的真空值。

5-2　如图 5-17 所示虹吸管，上、下游水池的水位差 H 为 2.5m，管长 l_{AC} 段为 15m，l_{CB} 段为 25m，管径 $d = 200\,\text{mm}$，沿程阻力每当 $\lambda = 0.025$，入口水头损失系数 $\xi_{\text{c}} = 1.0$，各转弯的水头损失系数均为 0.2，管顶允许真空高度 $h_{\text{v}} = 7\,\text{m}$。试求通过流量及最大允许安装高度 h_{s}。

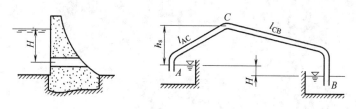

图 5-16　题 5-1 图　　　　　　　图 5-17　题 5-2 图

5-3　如图 5-18 所示，一河下圆形断面混凝土倒虹吸管，已知：粗糙系数 $n = 0.014$，上下游水位差 $H = 1.5\,\text{m}$，流量 $q_{\text{V}} = 0.5\,\text{m}^3/\text{s}$，$l_1 = 20\,\text{m}$，$l_2 = 30\,\text{m}$，$l_3 = 20\,\text{m}$，进口局部阻力系数 $\xi = 0.4$，折角 $\theta = 30°$，试求管径 d。

5-4　离心泵从吸水池抽水，水池通过自流管与河流相通，水池水面恒定不变。已知自流管长 $l_1 = 20\,\text{m}$，$d_1 = 150\,\text{mm}$。水泵吸水管长 $l_2 = 12\,\text{m}$，$d_2 = 150\,\text{mm}$，沿程阻力系数

$\lambda_1 = \lambda_2 = 0.03$，局部阻力系数如图 5-19 所示。水泵安装高度 $H_s = 3.5\,\mathrm{m}$，真空表读数为 44.1kPa。求：(1)水泵的抽水量；(2)当泵轴标高为 50.2m 时推算河流水面高程。

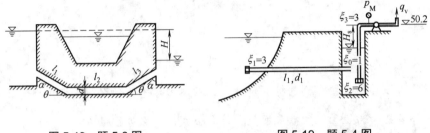

图 5-18 题 5-3 图   图 5-19 题 5-4 图

5-5 某车间 1h 用水量是 $36\mathrm{m}^3$，用直径 $d = 75\,\mathrm{mm}$，管长 $l = 140\,\mathrm{m}$ 的管道自水塔引水，如图 5-20 所示。用水点要求自由水头 $H_z = 12\,\mathrm{m}$，设管道粗糙系数 $n = 0.013$。试求水塔的高度 H。

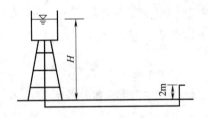

图 5-20 题 5-5 图

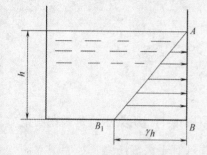

第6章

明 渠 流 动

本章要点

- 明渠水流的分类和特征。
- 明渠均匀流的特点和形成条件，明渠均匀流公式及水力计算。
- 水力最佳断面和允许流速。
- 明渠水流 3 种流态的运动特征和判别方法。
- 矩形断面明渠临界水深 h_k 的计算公式。
- 水跃和水跌现象，共轭水深、能量损失和水跃长度的计算。
- 进行水面线定性分析，进行水面线定量计算。

技能目标

- 了解明渠水流的分类和特征；明渠均匀流的特点和形成条件；水跃和水跌现象；水跃能量损失和水跃长度的计算。
- 掌握明渠底坡的概念和梯形断面明渠的几何特征和水力要素；水力最佳断面的条件和允许流速的确定方法；矩形断面明渠临界水深 h_k 的计算公式；掌握共轭水深的计算。
- 能熟练掌握明渠均匀流水力计算；明渠水流 3 种流态的判别；明渠恒定非均匀渐变流水面曲线分析和计算。

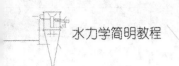

6.1 明渠的几何特性

【学习目标】了解明渠水流的分类和特征，了解棱柱体渠道的概念，掌握明渠底坡的概念和梯形断面明渠的几何特征和水力要素。

6.1.1 概述

人工渠道、天然河道、未充满水流的管道等均属于明渠(图 6-1)。明渠水流是指在明渠中流动，具有显露在大气中的自由表面，水面上各点的压强都等于大气压强。故明渠水流又称为无压流，而满管水流又称为有压流。明渠流动具有以下的特点。

(1) 具有自由液面，为无压流，水面上各点相对压强为零。

(2) 湿周是过水断面固体壁面与液体接触部分的周长，不等于过水断面的周长。

(3) 明渠水流的运动是在重力作用下形成的，重力是流体流动的动力。

(4) 渠道底坡的改变、断面尺寸的改变、粗糙系数的变化等，都会引起自由水面的位置随之升降，即水面随时空变化，这就导致了运动要素发生变化，使得明渠水流呈现出比较多的变化。正因为明渠水流的上边界不固定，故解决明渠水流的流动问题远比解决有压流复杂得多。

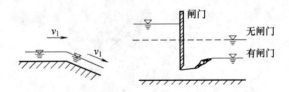

图 6-1 明渠流动

明渠水流按其运动要素是否随时间变化分为恒定流和非恒定流，按运动要素是否随坐标位置发生变化可以分为均匀流和非均匀流，非均匀流分为急变流和渐变流。明渠恒定均匀流是一种典型的水流，其有关的理论知识是分析和研究明渠水流各种现象的基础，也是渠道断面设计的重要依据。

对明渠水流而言，其流态有层流和紊流之分，绝大多数水流(渗流除外)为紊流，并且接近或者属于紊流阻力平方区。因此，本章及以后各章的讨论将只限于此种情况。

6.1.2 横断面形式

1. 按横断面的形状分类

渠道的横断面形状有很多种。人工修建的明渠，为便于施工和管理，一般为规则断面，有常用的梯形断面、用于小型灌溉渠道中的矩形断面、为水力最优断面以及常用于城市的排水系统中的圆形断面等，具体的断面形式还与当地地形及筑渠材料有关。天然河道一般为无规则、不对称，分为主槽与滩地。

常用的梯形渠道的过水断面(图 6-2)的几何要素主要包括过水断面面积 A、湿周 χ、水力半径 R、水面宽度 B。对梯形断面而言，其过水断面几何要素计算公式如下：

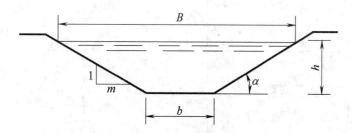

图 6-2 梯形渠道横断面

过水断面面积：

湿周：

水力半径：

水面宽度：

$$\left.\begin{array}{c} A = (b+mh)h \\ \chi = b + 2h\sqrt{1+m^2} \\ R = \dfrac{A}{\chi} \\ B = b + 2mh \end{array}\right\} \tag{6-1}$$

式中，b 为底宽；m 为边坡系数，反映断面两侧边坡的倾斜程度，即 $m = \cot\alpha$。边坡系数的大小取决于渠道壁面土壤或护面的性质，经土坡稳定分析而定，可参考表 6-1 的取值；h 为水深，指过水断面上渠底最低点到水面的距离。当渠底纵向倾斜的程度较小时，能常以铅垂面作为过水断面，以铅垂深度作为过水断面水深。

表6-1 梯形渠道的边坡系数 m

土壤种类	m
细粒砂土	3.0～3.5
砂壤土或松散土壤	2.0～2.5
密实砂壤土，轻黏壤土	1.2～2.0
密实重黏土	1.0
砾石、砂砾石土	1.5
重壤土、密实黄土	1.0～1.5
各种不同硬度的岩石	0.5～1.0

常见的矩形和圆形过水断面几何要素计算式见表6-2。

表6-2 其他常见的过水断面几何要素计算式

断面形状	水面宽度 B	过水断面积 A	湿周 χ	水力半径 R
	b	bh	$b+2h$	$\dfrac{bh}{b+2h}$
	$2\sqrt{h(d-h)}$	$\dfrac{d^2}{8}(\theta-\sin\theta)*$	$\dfrac{1}{2}\theta\cdot d$	$\dfrac{d}{4}\left(1-\dfrac{\sin\theta}{\theta}\right)$

*式中以 θ 以弧度计。

2. 按横断面形状尺寸沿流程是否变化分类

按横断面形状尺寸沿流程是否变化分为棱柱形渠道和非棱柱形渠道(图 6-3)。棱柱体明渠是指断面形状和尺寸沿流程不变的长直明渠。在棱柱体明渠中，过水断面面积只随水深变化，即 $A=A(h)$。轴线顺直断面规则的人工渠道、涵洞、渡槽等均属此类。非棱柱体明渠是指断面形状和尺寸沿流程不断变化的明渠。在非棱柱体明渠中，过水断面面积除随水深变化外，还随流程变化，即 $A=A(h,s)$。常见的非棱柱体明渠是渐变段。另外，断面不规则，主流弯曲多变的天然河道也是非棱柱体明渠的例子。

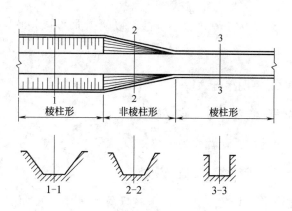

图 6-3　棱柱形渠道与非棱柱形渠道

6.1.3　底坡

沿渠道中心线所作的铅垂平面与渠底的交线称为底坡线，即明渠的纵断面。该铅垂面与水面的交线称为水面线。

对水工渠道，渠底多为平面，故渠道纵断面图上的底坡线是一段或几段相互衔接的直线。对天然河道，河底起伏不平，但总趋势是沿水流方向逐渐下降，因此，纵断面图上的河底线就是一条时有起伏但逐渐下降的波浪线(图 6-4)。

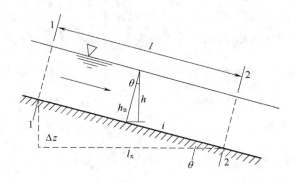

图 6-4　明渠底坡

为了表示底坡线沿水流方向降低的缓急程度，引入了底坡的概念。渠道底线的坡度称为底坡，以符号 i 表示。底坡也称纵坡，可用式(6-2)计算，即

$$i = \frac{\Delta z}{l} = \sin\theta \tag{6-2}$$

式中，Δz 为渠道进口和出口的槽底高差；l 为渠道进口和出口间的流程长度；θ 为底坡线

与水平线之间的夹角。通常由于θ角很小，故常以两断面间的水平距离来代替流程长度，即$\sin\theta = \tan\theta$。

根据底坡的正负，可将明渠分为以下3类(图6-5)：

$i>0$，明渠渠底沿程降低者称为正坡或顺坡。

$i=0$，明渠渠底高程沿程不变者称为平坡。

$i<0$，明渠渠底沿程增高者称为反坡或逆坡。

人工渠道3种底坡类型均可能出现，但在天然河道中，长期的水流运动形成往往是正坡。

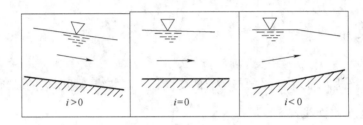

图6-5 底坡类型

6.2 明渠均匀流

【学习目标】了解明渠均匀流的特点和形成条件，熟练掌握明渠均匀流公式，并能应用它来进行明渠均匀流水力计算；理解水力最佳断面和允许流速的概念，掌握水力最佳断面的条件和允许流速的确定方法，学会正确选择明渠的糙率n值；掌握明渠均匀流水力设计的类型和计算方法，能进行过流能力和正常水深的计算，能设计渠道的断面尺寸。

6.2.1 明渠均匀流的形成条件及特征

1. 明渠均匀流的特征

明渠均匀流就是明渠中水深、断面平均流速、断面流速分布等均保持沿流程不变的流动，其基本特征可归纳如下。

(1)　过水断面的形状和尺寸、流速、流量、水深沿程都不变。

(2)　流线是相互平行的直线，流动过程中只有沿程水头损失，而没有局部水头损失。

(3)　由于水深沿程不变，故水面线与渠底线相互平行。

(4)　由于断面平均流速及流速水头沿程不变，故测压管水头线与总水头线相互平行。

(5)　由于明渠均匀流的水面线即测压管水头线，故明渠均匀流的底坡线、水面线、总水头线三者相互平行，这样一来，渠底坡度、水面坡度、水力坡度三者相等。这是明渠均匀流的一个重要特性，它表明在明渠均匀流中，水流的动能沿程不变，势能沿程减小，在一定距离上因渠底高程降落而引起的势能减小值恰好用于克服水头损失，从而保证了动能的沿程不变。

(6)　从力学角度分析，均匀流为等速直线运动，没有加速度，则作用在水体的力必然是平衡的，即 $G\sin\theta = F_f$ 该式表明均匀流动是重力沿流动方向的分力和阻力相平衡时产生的流动，这是均匀流的力学本质。

2．产生条件

明渠均匀流只能在一定的条件下才能出现，产生条件如下。

(1)　明渠底坡沿程降低，并且在一段较长距离内保持不变。

(2)　没有渠系建筑物干扰的长直棱柱体正坡明渠。

(3)　粗糙系数沿程不变。

(4)　水流为恒定流，流量沿程不变。

在实际工程中，由于种种条件的限制，明渠均匀流往往难以完全实现，在明渠中大量存在的是非均匀流。然而，对于顺直的正坡明渠，只要有足够的长度，总有形成均匀流的趋势。这一点在非均匀流水面曲线分析时往往被采用。一般来说，人工渠道都尽量使渠线顺直，底坡在较长距离内保持不变，并且采用同一材料衬砌成规则一致的断面，这样就基本保证了均匀流的产生条件。因此，按明渠均匀流理论来设计渠道是符合实际情况的。天然河道一般为非均匀流，个别较为顺直整齐的糙率基本一致的断面，河床稳定的河段，也可视为均匀流段，这样的河段保持着水位和流量的稳定关系，水文测验中称该河段为河槽控制段。

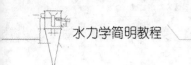

6.2.2 明渠均匀流的水力计算基本公式

明渠水流基本上都处于阻力平方区，所以可利用谢才公式，将其与连续方程联立，可得到明渠均匀流水力计算的基本公式，即

$$v = C\sqrt{RJ} \qquad\qquad (6\text{-}3)$$

$$Q = Av \qquad\qquad (6\text{-}4)$$

$$Q = AC\sqrt{Ri} = K\sqrt{i} = \frac{1}{n}A_0 R_0^{\frac{2}{3}} i^{\frac{1}{2}} \qquad\qquad (6\text{-}5)$$

式中，K 为流量模数，$K = AC\sqrt{R}$；J 为水力坡降；i 为渠道底坡；C 为谢才系数，$C = \frac{1}{n}R^{\frac{1}{6}}$；$n$ 为粗糙系数(糙率)，见表 4-3。

因明渠均匀流水力坡度和渠道底坡相等，故式中以底坡 i 代替水力坡度 J。C 为谢才系数，可按曼宁公式或巴甫洛夫斯基公式计算。式(6-4)即是明渠均匀流的基本公式。

6.2.3 明渠水力最优断面和允许流速

1. 水力最优断面

在已知流量、底坡、糙率等时，可以设计出许多种渠道断面。那么选择哪种断面形式，就要从渠道的设计、施工和运用等方面对设计的断面形式和尺寸进行方案比较。从水力学角度分析，由明渠均匀流水力计算基本公式可知：明渠的过水能力(即流量)与渠道底坡 i、糙率 n 及断面形状和尺寸有关。在进行渠道设计时，渠道底坡 i 一般根据地形条件或技术上的考虑选定(如输送的是清水还是浑水、渠道是干渠还是支渠)。糙率 n 则主要取决于渠壁材料、土质及目前的运用情况。因此，当明渠的底坡 i 和粗糙系数 n 值一定时，明渠的过水能力就主要取决于断面形状和尺寸。从经济观点考虑，在流量 Q、底坡 i、糙率 n 等已知时，总是希望设计的过水断面形式具有最小面积，以减小工程量；或者说，在底坡 i、糙率 n、过水断面面积 A 一定的条件下，设计的断面能使渠道通过的流量达到最大。凡是符合这一条件的过水断面就称为水力最佳断面。

由式(6-5)及 $R = \dfrac{A}{\chi}$ 可得

$$Q = \frac{1}{n} A_0 R_0^{\frac{2}{3}} i^{\frac{1}{2}} = \frac{i^{\frac{1}{2}}}{n} \frac{A^{\frac{5}{3}}}{\chi^{\frac{2}{3}}} \tag{6-6}$$

由式(6-6)可知，在底坡 i、糙率 n、过水断面面积 A 一定的条件下，要使输水能力 Q 最大，则要求湿周 χ 最小，即 R 最大。因此，水力最优断面就是湿周最小，流量最大的断面。

水力最优断面的优点：输水能力最大，渠道护壁材料最省，渠道渗水损失量最少。如果不受条件限制，渠道断面可以设计成梯形、矩形、半圆形和三角形等。在过水断面面积相同时，其中半圆形断面具有最小湿周，是水力最优断面。但是，实际工程中，对于不同的边坡材料，需要有一定的边坡才能保证不塌方，因此工程上多采用梯形断面。

下面以梯形断面为例，推导工程水力最优条件下的宽深比。

见图 6-2，由式(6-1)可得

将式 $A = (b + mh)h$ 变形得 $b = \frac{A}{h} - mh$，并代入 $\chi = b + 2h\sqrt{1+m^2}$ 后得

$$\chi = \frac{A}{h} - mh + 2h\sqrt{1+m^2} \tag{6-7}$$

从式(6-7)可以看出，当断面积 A、边坡系数 m 一定时，湿周 χ 是水深 h 的函数，即 $\chi = f(h)$，为了求函数 $\chi = f(h)$ 的极小值，可对 h 求一阶导数，并令一阶导数为零，即

$$\frac{\mathrm{d}\chi}{\mathrm{d}h} = -\frac{A}{h^2} - m + 2\sqrt{1+m^2} = 0 \tag{6-8}$$

对函数 $\chi = f(h)$ 对 h 求二阶导数，即 $\frac{\mathrm{d}^2\chi}{\mathrm{d}h^2} = 2\frac{A}{h^3}$，可知 $\frac{\mathrm{d}^2\chi}{\mathrm{d}h^2} = 2\frac{A}{h^3} > 0$，说明 χ 的极小值存在。

将 $A = (b + mh)h$ 代入式(6-8)可得梯形断面水力最优宽深比，用 β 表示，即

$$\beta = \frac{b}{h} = 2(\sqrt{1+m^2} - m) \tag{6-9}$$

可以看出水力最优宽深比 β 仅是边坡系数 m 的函数，当 $m = 0$ 时，为矩形断面，此时水力最优宽深比为 $\beta = \frac{b}{h} = 2$，即 $b = 2h$。说明矩形断面，水力最优断面的底宽 b 是水深 h 的 2 倍。

由式(6-1)得，水力半径为

$$R = \frac{A}{\chi} = \frac{(b+mh)h}{b + 2h\sqrt{1+m^2}} \tag{6-10}$$

将式(6-9)代入式(6-10)得

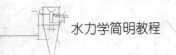

$$R = \frac{A}{\chi} = \frac{(b+mh)h}{b+2h\sqrt{1+m^2}} = \frac{h}{2} \qquad (6\text{-}11)$$

即得梯形水力最优断面的水力半径等于水深的一半，即 $R = \frac{h}{2}$。对矩形断面，同样有 $R = \frac{h}{2}$ 的关系。

以上所得出的水力最优断面的条件，只是从水力学角度考虑的。从工程投资角度考虑，水力最优断面不一定是工程最经济的断面。对于大型渠道，如果按照水力最优断面设计，则断面往往是又窄又深，施工时土方开挖过深，使土方的单价增高，同时施工养护的难度也增加了。例如，边坡系数 $m = 1.5$，底宽 $b = 20\text{m}$ 的渠道，如果按照水力最优设计，则水力最优宽深比 $\frac{b}{h} = 0.61$，得水深 $h = 32.8\text{m}$。在设计渠道断面时，必须结合实际情况，从经济和技术两方面综合考虑。既考虑水力最优断面，又不能完全受此约束。为此，工程实际中以水力最优断面为基础，提出了"实用经济断面"的概念，工程中也常采用之。实用经济断面既符合水力最佳断面的要求，又能适应各种具体情况的需要。

2. 允许流速

对渠道断面进行设计，除了要考虑水力最优断面这一因素外，还应对渠道的最大和最小流速进行考核，以免渠道遭受冲刷和淤积。由连续性方程 $Q = Av$ 可知，对于一定的流量，过水断面面积的大小与断面平均流速有关。为通过一定的流量，可采用不同大小的过水断面，此时，渠道中就有不同的流速。如果流速过大，可能引起渠槽冲刷；而流速过小，又可能引起渠槽淤积，降低了渠道的过流能力。因此，在设计渠道时，必须考虑渠道的允许流速，有

$$v_{max} > v > v_{min}$$

式中，v_{max} 为最大允许不冲流速；v_{min} 为最小允许不淤流速。

渠道的最大允许不冲流速 v_{max} 的大小取决于壁面的材料、土壤种类、颗粒大小和密实程度以及渠中流量等因素。渠道中的最小允许不淤流速 v_{min} 的大小与水中的悬浮物有关。渠道的允许流速是根据渠道所担负的生产任务(如通航、水电站引水或灌溉)，渠槽表面材料的性质，水流含沙量的多少及运行管理上的要求而确定的技术上可靠、经济上合理的流速。

为了保证技术上可靠、经济上合理，在确定渠道的允许流速时，应该结合工程的具体

条件，还应考虑以下几方面的因素：

(1) 流速不宜太小，以免渠中杂草滋生。为此，一般应大于 0.5m/s。

(2) 对于北方寒冷地区，为防止冬季渠水结冰，流速也不宜太小。一般当渠道流速大于 0.6m/s 时，结冰就比较困难，即使结冰，过程也比较缓慢。

(3) 渠道流速应保证技术经济要求和运行管理要求。

各类壁面材料渠道的最大允许不冲流速见表 6-3 和表 6-4。

表 6-3 渠道允许不冲流速

土　质	允许不冲流速/(m/s)
轻壤土	0.60～0.80
中壤土	0.65～0.85
重壤土	0.70～0.95
黏土	0.75～1

注：表中所列允许不冲流速为水平半径 R=1.0m 时的情况，当 R 不等于 1.0m 时，表中所列数值应乘以 R^a，指数 a 值可按下列情况采用：①疏松的土壤、黏土，a=1.3～1.4；②中等密实和密实的土壤、黏土 a=1.4～1.5。

表 6-4 防渗衬砌允许不冲流速

防渗衬砌结构类别			允许不冲流速/(m/s)
土料	黏土、黏砂混合土		0.75～1.00
	灰土、三合土、四合土		<1.00
水泥土	现场浇筑		<2.50
	预制铺砌		<2.00
砌石	干砌卵石(挂淤)		2.50～4.00
	浆砌块石	单层	2.50～4.00
		双层	3.50～5.00
	浆砌料石		4.0～6.0
	浆砌石板		<2.50
质料 (土料保护层)	砂土壤、轻壤土		<0.45
	中壤土		<0.60
	重壤土		<0.65
	黏土		<0.70
	砂砾料		<0.90
沥青混凝土	现场浇筑		<3.00
	预制铺砌		<2.00

续表

防渗衬砌结构类别		允许不冲流速/(m/s)
混凝土	现场浇筑	<8.00
	预制铺砌	<5.00
	喷射法施工	<10.00

注：表中土料类和壤料类(土料保护层)防渗衬砌结构允许不冲流速值为水平半径 R=1.0m 时的情况，当 R 不等于 1.0m 时，表中所列数值应乘以 R^a，指数 a 值可按下列情况采用：①疏松的土料、黏土壤保护层，a=1.3～1.4；②中等密实和密实的土料或土料保护层，a=1.4～1.5。

6.2.4　明渠均匀流的水力计算

为了与明渠非均匀流相区别，通常称均匀流时的水深为正常水深，用 h_0 表示。从式(6-5)可以看出，流量 Q 与底坡 i、糙率 n、过水断面面积 A 和水力半径 R 有关。对于梯形渠道，过水断面几何参数(A 和 R)也就是正常水深 h_0、底宽 b 和边坡系数 m。所以流量 Q 可表示为

$$Q = f(m,b,h_0,i,n) \tag{6-12}$$

式(6-12)中共有 6 个变量，如果已知其中 5 个量，另一个未知变量可由式(6-5)求出。以梯形断面渠道为例，分述明渠均匀流的水力计算，可以分为 3 类。

1. 验算明渠的输水能力

已知：正常水深 h_0，底宽 b 和边坡系数 m，底坡 i，糙率 n。

求：流量 Q。

由均匀流计算基本式(6-5)可得流量 Q，

$$Q = AC\sqrt{Ri} = \frac{1}{n}A_0 R_0^{\frac{2}{3}} i^{\frac{1}{2}}$$

对于梯形断面由式 (6-1) 可知，过水断面面积 $A_0 = (b+mh_0)h_0$，水力半径 $R_0 = \dfrac{A_0}{b+2h_0\sqrt{1+m^2}}$，代入式(6-4)可得到流量 Q。

例 6-1　一梯形排水渠道，已知渠道长度 L=1.0，底宽 b=2m，边坡系数 m=1.5，糙率 n=0.025 底部落差为 0.5m，流量 Q=9m/s，试算当实际水深 h=1.0m，渠道能否满足 Q=9m/s 的要求。

解：

已知 $i = \dfrac{z_1 - z_2}{L} = \dfrac{0.5}{1000} = 0.0005$

由式(6-1)得 $A = (b + mb)h = 3.5(\text{m}^2)$

$\chi = b + 2h\sqrt{1 + m^2} = 5.61(\text{m})$

$R = \dfrac{A}{\chi} = 0.62(\text{m})$

由式 4-36 得 $C = \dfrac{1}{n}R^{\frac{1}{6}} = 39.94\ \text{m}^{\frac{1}{2}}\big/\text{s}$

所以由式(6-5)得 $Q = AC\sqrt{Ri} = 2.46 < 9\ \text{m}^3/\text{s}$ 不能满足要求。

只有当 $Q \geqslant 9\text{m/s}$ 时才满足要求。

2. 设计渠道断面

设计渠道断面是在一直流量 Q、边坡系数 m、底坡 i、糙率 n 的条件下，求底宽 b 和正常水深 h_0。这里有底宽 b 和正常水深 h_0 两个未知量，为了得到确定解，还需要补充条件，分 4 种情况。

(1) 已知水深 h_0，求底宽 b。

水深由通航或施工条件限定，底宽可以根据已知条件计算确定。

① 试算法。给出不同的 b 值，并计算出相对应的流量模数 $K = AC\sqrt{R}$。根据这些 b，$K = AC\sqrt{R}$ 的值，以 K 为横坐标，b 为纵坐标，绘制出 $K = AC\sqrt{R} = f(b)$ 曲线，见图 6-6。根据给定的流量 Q、底坡 i 及公式(6-5)，求出 $K = \dfrac{Q}{i^{\frac{1}{2}}}$。根据所求得的 K 作竖线，与曲线相交后作横线，与 b 轴相交得的 b 值即为所求。

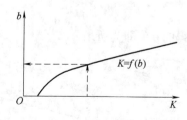

图6-6 明渠底宽 b 与 K 的关系曲线

② 查图法。由于试算法工作量大，比较烦琐。为了简化计算，工程中已制成了许多图，已备查用。图的形式较多，在我国最通用的是拉赫曼诺夫梯形断面渠道均匀流水深或

底宽求解图。我国工程技术人员也创造了不少图解法。图解法的优点是不用内插；缺点是查曲线图费视力，同时，因图幅小，图中曲线的某些部分精度差甚至查不出。因此，为保证查图结果的可靠，一般可将查图结果再回代检验。如图 6-7 所示，图中横坐标为 $\dfrac{b^{2.67}}{nK_0}$，纵坐标为 $\dfrac{h_0}{b}$，图中每条曲线对应一个边坡系数 m 值。计算横坐标、纵坐标值时，长度单位以米计。

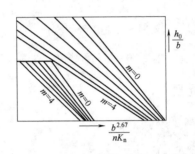

图 6-7　查图法

除了查图法外，还有数表法，即将函数关系以表的形式给出。数表法的优点是查算方便，但仍需内插，精度也不是很高。

③　电算解法。电算解法具有速度快、精度高、应用方便的优点，在实际工作中正在逐步普及。电算解法根据其计算方法常用的有二分法、牛顿法、迭代法。

(2)　已知水深 b，求底宽 h_0。

参照①中试算法，给出不同的 h 值，并计算出相对应的流量模数 $K = AC\sqrt{R}$。根据这些 h，$K = AC\sqrt{R}$ 的值，以 K 为横坐标，h 为纵坐标，绘制出 $K = AC\sqrt{R} = f(h)$ 曲线，见图 6-8。根据给定的流量 Q，底坡 i 及式(6-5)，求出 $K = \dfrac{Q}{i^{\frac{1}{2}}}$。根据所求得的 K 作竖线，与曲线相交后作横线，与 h 轴相交得的 h 值即为所求。

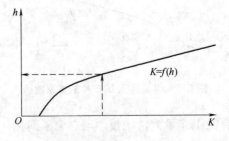

图 6-8　明渠底宽 h 与 K 的关系曲线

同样，可以采用查图法、电算解法等。

(3) 按照水力最优断面条件设计断面尺寸底宽 b 和水深 h。

渠道边坡土质条件确定，则边坡系数 m 已知。根据水力最优条件，由水力最优宽深比 $\beta = \dfrac{b}{h} = 2(\sqrt{1+m^2} - m)$，建立底宽 b 和水深 h 的关系式。连同式(6-1)和式(6-5)可以求出底宽 b 和水深 h。

例 6-2　一梯形断面渠道，已知流量 $Q = 5\,\mathrm{m^3/s}$，底坡 $i = 1/2000$，边坡系数 $m=1$，表面用浆砌块石衬砌，水泥沙浆勾缝，糙率 $n = 0.025$。已拟定宽深比 $b/h = 5$。求渠道的断面尺寸。

解：由式(5-1)及 $b = 5h$ 得

$$A = (b + mh)h = 6h^2$$

$$\chi = b + 2h\sqrt{1+m^2} = (5 + 2\sqrt{2})h$$

由式(6-6)的 $Q = \dfrac{i^{\frac{1}{2}}}{n} \dfrac{A^{\frac{5}{3}}}{\chi^{\frac{2}{3}}} = 0.89 \dfrac{(6h)^{\frac{5}{3}}}{[(5 + 2\sqrt{2})h]^{\frac{2}{3}}}$

已知 $Q = 5\,\mathrm{m^3/s}$，可得渠道断面尺寸为

$$h = 0.90\,\mathrm{m}$$

$$b = 5h = 4.5\,\mathrm{m}$$

(4) 限定最大允许不冲流速 $V_{\max}$，确定底宽 b 和水深 h。

以渠道不发生冲刷的最大允许流速 $[V]_{\max}$ 为控制条件，则根据式(6-1)和式(6-5)可以求出底宽 b 和水深 h。

3. 确定渠道底坡

已知渠道的断面尺寸(底宽 b 和水深 h)，渠道流量 Q，边坡系数 m，糙率 n，求底坡 i。这类计算主要用于避免下水道沉积淤塞，要求有一定的"自清"速度，因而必须要求有一定的坡度；保证通航的渠道用坡度控制一定的流速。

例 6-3　一条表面磨光，底部有卵石的矩形断面混凝土渠道(粗糙系数 $n = 0.017$)，长度 $l = 100\,\mathrm{m}$，按均匀流设计，底宽 $b = 1\,\mathrm{m}$，当水深 $h = 1\,\mathrm{m}$ 时，通过的流量 $Q = 3.2\,\mathrm{m^3/s}$，问渠道上、下游的水面落差是多少？

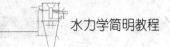
解:

过流面积 $A = bh = 1(\mathrm{m}^2)$

湿周 $\chi = b + 2h = 3(\mathrm{m})$

将 Q、n、A、χ 的值代入式(6-6)得

$$Q = \frac{\sqrt{i}}{n}\frac{A^{5/3}}{\chi^{2/3}} \text{ 得 } i = 1.28 \times 10^{-2}$$

则渠道上、下游水面落差 $\Delta z = il = 1.28(\mathrm{m})$。

6.2.5 复式断面渠道的水力计算

根据工程实际情况,由于土质、土壤条件或施工、养护要求,有时渠底和渠壁会采用不同的材料,即会遇到沿湿周各部分粗糙度不同的渠道,这种渠道称为非均质渠道。例如,沿山坡凿石筑墙而成的渠道,即靠山一侧为土质或石质边坡,另一侧边坡为挡土墙(图 6-9);底部为浆砌石,边坡为混凝土衬砌的渠道;冬季被冰封闭的河渠。将渠道分成几个单式断面组成的复式断面。不规则的天然河床断面(图 6-10)可简化为复式断面。

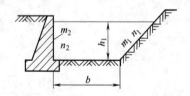

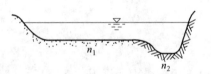

图 6-9 复式断面(挡土墙)　　　　　　　图 6-10　天然河道

1. 断面周界上粗糙系数不同的明渠均匀流水力计算

由于沿湿周各部分糙率不同(图 6-7),因而它们对水流的阻力也不同,可以采用一个综合的糙率来反映整个断面的情况。也就是说,对这样的渠道进行水力计算,首先应该解决的是怎样由各部分糙率计算综合糙率的问题。

根据巴甫洛夫斯基提出的方法(具体推导过程参见徐正凡教材)得到的综合糙率计算公式为

$$n = \sqrt{\frac{\chi_1 n_1^2 + \chi_2 n_2^2 + \chi_3 n_3^2}{\chi_1 + \chi_2 + \chi_3}}$$

(6-13)

当渠道底部粗糙系数小于侧壁粗糙系数时，可用式(6-13)计算。

根据爱因斯坦提出的方法，得到的综合糙率计算公式为

$$n = \left(\frac{\chi_1 n_1^{3/2} + \chi_2 n_2^{3/2} + \chi_3 n_3^{3/2}}{\chi_1 + \chi_2 + \chi_3} \right)^{2/3} \tag{6-14}$$

一般情况下的综合糙率也可采用对各部分湿周的糙率取加权平均值的方法进行计算，即

$$n = \frac{\chi_1 n_1 + \chi_2 n_2 + \chi_3 n_3}{\chi_1 + \chi_2 + \chi_3} \tag{6-15}$$

2. 复式断面渠道的水力计算

复式断面常常是不规则的，粗糙系数也可能沿湿周有变化。此外，由于断面上水深不一，各部分流速差别较大，如果把整个断面当作统一的总流来计算，直接用均匀流公式，将会得出不符合实际情况的结果。因此，复式断面明渠的水力计算绝不能按一个断面统一计算。

例 6-4 有一环山渠道的断面如图 6-11 所示，水流近似为均匀流，靠山一边按 1∶0.5 的边坡开挖(岩石较好，n_1 为 0.0275)，另一边为直立的浆砌块石边墙，n_2 为 0.025，底宽 b 为 3m，底坡 i 为 0.002。求水深为 2m 时的过流能力。

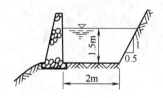

图 6-12 例 6-4 图

解：(1) 计算综合粗糙系数 n_r：

$$\chi_1 = b + h\sqrt{1 + m^2} = 3 + 2\sqrt{1 + 0.5^2} = 5.24(\text{m})$$

$$\chi_2 = 2(\text{m})$$

所以 $n_r = \dfrac{n_1 \chi_1 + n_2 \chi_2}{\chi_1 + \chi_2} = \dfrac{0.0275 \times 5.24 + 0.025 \times 2}{5.24 + 2} = 0.0268$

(2) 过水流量 Q

$$A = \frac{1}{2}(2b + mh)h = \frac{1}{2}(2 \times 3 + 0.5 \times 2) \times 2 = 7.00(\text{m}^2)$$

$$\chi = 5.24 + 2 = 7.24 \text{(m)}$$

$$R = \frac{A}{\chi} = \frac{7}{7.24} = 0.967 \text{(m)}$$

$$C = \frac{1}{n} R^{\frac{1}{6}} = \frac{1}{0.0268} \times 0.967^{\frac{1}{6}} = 37.11 \text{(m}^{0.5}/\text{s)}$$

$$Q = CA\sqrt{Ri} = 37.11 \times 7.00\sqrt{0.967 \times 0.002} = 11.42 \text{(m}^3/\text{s)}$$

例 6-5 某天然河道的河床断面形状及尺寸如图 6-12 所示,作垂线 1-1 将河床复式断面分为 I、II 两部分以后,近似按矩形截面计算,边滩部分水深为 1.0m,糙率 n_1 为 0.04;主河道部分水深为 5m,糙率 n_2 为 0.03,其他尺寸见例 6-5 图,若水流近似为均匀流,河底坡度 i 为 0.0004,试确定所通过的流量 Q。

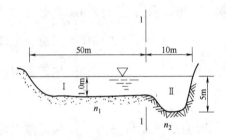

图 6-12 例 6-5 图

解:(1) 第 I 部分断面流量
$$\chi_1 = 50 + 1.0 = 51.0 \text{(m)}$$
$$A_1 = 50 \times 1.0 = 50 \text{(m}^2)$$
$$R_1 = \frac{A_1}{\chi_1} = \frac{50}{51.0} = 0.98 \text{(m)}$$
$$C_1 = \frac{1}{n_1} R_1^{\frac{1}{6}} = \frac{1}{0.04} \times 0.98^{\frac{1}{6}} = 24.92 \text{(m}^{0.5}/\text{s)}$$
$$Q_1 = C_1 A_1 \sqrt{R_1 i} = 24.92 \times 50\sqrt{0.98 \times 0.0004} = 24.67 \text{(m}^3/\text{s)}$$

(2) 第 II 部分断面流量
$$\chi_2 = 10 + 5 + (5 - 1) = 19.0 \text{(m)}$$
$$A_2 = 10 \times 5 = 50 \text{(m}^2)$$
$$R_2 = \frac{A_2}{\chi_2} = \frac{50}{19.0} = 2.63 \text{(m)}$$
$$C_2 = \frac{1}{n_2} R_2^{\frac{1}{6}} = \frac{1}{0.03} \times 2.63^{\frac{1}{6}} = 39.16 \text{(m}^{0.5}/\text{s)}$$
$$Q_2 = C_2 A_2 \sqrt{R_2 i} = 39.16 \times 50\sqrt{2.63 \times 0.0004} = 63.51 \text{(m}^3/\text{s)}$$

（3）总流量

$$Q = Q_1 + Q_2 = 24.67 + 63.51 = 88.18(\text{m}^3 / \text{s})$$

6.2.6　无压圆管均匀流的水力计算

不满流的圆形管道，称为无压管流。比如城市的污水排水管道、雨水管道及排水涵洞等，都属于无压管流。无压管流具有水力最优断面及施工方便等优点。对于长直的圆管，$i>0$，粗糙系数保持沿程不变时，管中水流可以认为是明渠均匀流。见图 6-13，图中 θ 称为充满角，$\alpha = h/d$ 称为充满度。由表 6-2 可得其过水断面面积 A、湿周 χ 和水力半径 R 计算为

$$\left. \begin{aligned} A &= \frac{d^2}{8}(\theta - \sin\theta) \\ \chi &= \frac{1}{2}\theta d \\ R &= \frac{d}{4}\left(1 - \frac{\sin\theta}{\theta}\right) \end{aligned} \right\} \tag{6-17}$$

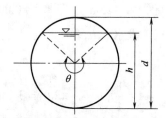

图 6-13　无压圆管过水断面

由式(6-5)得无压圆管均匀流水力计算的基本公式为

$$Q = AC\sqrt{Ri} = K\sqrt{i} = \frac{1}{n}A_0 R_0^{\frac{2}{3}} i^{\frac{1}{2}} = \frac{d^2}{8}(\theta - \sin\theta)\frac{1}{n}\left[\frac{d}{4}\left(1 - \frac{\sin\theta}{\theta}\right)\right]^{\frac{2}{3}} i^{\frac{1}{2}} \tag{6-18}$$

为了避免烦琐的数学计算，在实际工程中，可以利用图 6-14 来计算。图中纵坐标为充满度 $\alpha = h/d$，横坐标为无量纲流量 Q/Q_0 和无量纲流速 v/v_0。Q_0 和 v_0 为圆管满流时的流量和流速。Q 与 v 则表示充满度 h/d 时的流量和流速。

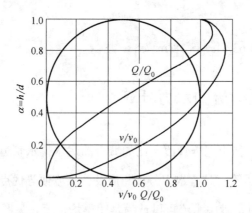

图 6-14　无压圆管水力计算图

从图 6-15 中可以看出：

(1) 最大流量发生在 h/d=0.95 时，这时 Q/Q_0=1.087，因为这时的 $AR^{2/3}$ 最大。

(2) 最大流速发生在 h/d=0.81 时，这时 v/v_0=1.16。因为这时的水力半径 R 最大，水深再加大时，过水断面面积虽有增加，但湿周增加得更快，使 R 反而减小。

例 6-6 某无压长涵管，直径 d =2.0m，底坡 i =0.002，粗糙系数 n =0.014，流量 Q =3.0m³/s，若渠中水流为均匀流，求水深 h_0。

解：满流时的流量 Q_0

$$A = \frac{1}{4}\pi d^2 = \frac{1}{4}\pi 2.0^2 = 3.14(\text{m}^2)$$

$$\chi = \pi d = 2\pi = 6.28$$

$$R = \frac{A}{\chi} = \frac{3.14}{6.28} = 0.5(\text{m})$$

由式(6-12)得 $Q_0 = \frac{1}{n}AR^{2/3}i^{1/2} = \frac{1}{0.014}3.14(0.5)^{2/3}\times 0.002^{1/2} = 6.32(\text{m}^3/\text{s})$

则 $\frac{Q}{Q_0} = \frac{3.0}{6.32} = 0.475$

查图(6-14)得充满度

$$\alpha = h_0/d = 0.495$$

所以水深 $h_0 = \alpha d = 0.495\times 2 = 0.99(\text{m})$

6.3 明渠流动状态

【学习目标】 掌握明渠水流 3 种流态(急流、缓流、临界流)的运动特征和判别明渠水流流态的方法，理解弗汝德数 Fr 的物理意义；理解断面比能、临界水深、临界底坡的概念和特性，掌握矩形断面明渠临界水深 h_k 的计算公式和其他形状断面临界水深的计算方法；了解水跃和水跌现象，掌握共轭水深的计算，特别是矩形断面明渠共轭水深计算；能进行水跃能量损失和水跃长度的计算。

当明渠底坡或粗糙系数沿程变化，或渠道的横断面形状(或尺寸)沿程变化，或在明渠中修建水工建筑物(闸、桥梁、涵洞等)使明渠中的流速和水深发生变化，这些均会在明渠中形成非均匀流。

非均匀流的特点是明渠的底坡、水面线、总水头线彼此互不平行。也就是说，水深和断面平均流速沿程变化，流线间互不平行，水力坡度线、测压管水头线和底坡线彼此间不平行。若流线接近于互相平行的直线，或者流线之间的夹角很小，或者流线的曲率半径很大，这种水流称为明渠非均匀渐变流；反之，则称为明渠非均匀急变流。

本节主要研究在恒定流的情况下，明渠非均匀流中水面曲线沿程变化的规律及其计算方法。

一般明渠水流有 3 种流态，即缓流、临界流和急流。

河流中有些水面宽阔的地方，底坡平坦，水流缓慢，当水流遇有障碍物时(如大石头)，上游水面普遍抬高而阻碍物处水位往下跌落，即为缓流。在河流有些水面狭窄的地方底坡陡峻，且水流湍急，当水流遇到石块便一跃而过，石块顶上掀起浪花，而上游水面未受影响，即为急流。在缓流和急流之间还存在另一种流动，那就是临界流，但临界流的流动形态不稳定。

下面从运动学的角度和能量的角度分析明渠水流的流态。

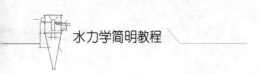

6.3.1 微波波速和弗汝德数

从运动学的角度来分析明渠水流的流态。

1. 微波波速

一般缓流中水深较大，流速较小，当在缓流渠道中有障碍物时将会产生干扰波，这时干扰波既能向上游传播也能向下游传播。急流中水深较浅，流速较大，当在急流渠道中遇障碍物时，同样也产生干扰波，但这种干扰波只能向下游传播。为此，首先分析微波的波速。

设一平底坡的矩形棱柱形渠道，水流静止，水深为 h，水面宽为 B，过水断面的面积为 A，水中有一个直立的平板 $N\text{-}N$。将直立平板向左拨动一下，板左边水面激起一微小波动，波高 Δh，波以速度 v_w 从右向左传播。观察微波传播：波形所到之处将带动水流运动，流速随时间变化，是非恒定流，见图 6-15。

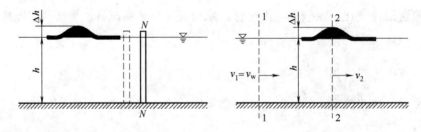

图 6-15 微波的传播

选择固定在波峰上的动坐标系，假想随波前进来观察渠中水流。相对于动坐标系，波静止，渠中原静止水体以波速 v_w 从左向右流动。整个水体等速度向右运动，渠道内水流为恒定流，而水深沿程变化，是非均匀流。

以渠底为基准面，取波峰处为 2-2 断面，未受波影响的 1-1 断面，列能量方程，其中 $v_1 = v_w$，不计水头损失，则

$$h + \frac{\alpha_1 v_w^2}{2g} = (h + \Delta h) + \frac{\alpha_1 v_2^2}{2g}$$

由连续性方程得

$$v_2 = \frac{v_w A}{A + \Delta A}$$

于是得

$$h+\frac{\alpha_1 v_{\mathrm{w}}^2}{2g}=(h+\Delta h)+\frac{\alpha_1 v_{\mathrm{w}}^2}{2g}\left(\frac{A}{A+\Delta A}\right)^2$$

将 $(A+\Delta A)^2$ 展开，忽略 ΔA^2，并且 $\Delta h \approx \Delta A/B$，代入能量方程得

$$v_{\mathrm{w}}=\sqrt{gh\left(1+\frac{\Delta h}{h}\right)\bigg/\left(1+\frac{\Delta h}{2h}\right)} \tag{6-19}$$

对于波高 $\Delta h << h$ 的波——小波

$$v_{\mathrm{w}}=\sqrt{g\overline{h}}$$

式中，$\overline{h}=A/B$，为断面平均水深；A 为过水断面面积；B 为水面宽度。

实际明渠中，渠中水流总是流动的，假设水流流速为 v，则微波波速的绝对速度 v_{w}' 是静水中的波度 v_{w}' 与水流流速 v 之和，即

$$v_{\mathrm{w}}'=v+v_{\mathrm{w}}=v\pm\sqrt{g\overline{h}} \tag{6-20}$$

式中，微波顺水流方向传播取 "$+$" 号，微波逆水流方向传播取 "$-$" 号。

当渠道中水流流速较小，平均水深 $\overline{h}=A/B$ 又相当大时，$v<v_{\mathrm{w}}$，由式(6-20)得 v_{w}' 有正、负值，表明微波既能向下游传播，又能向上游传播(图 6-16)，这种水流流态是缓流。

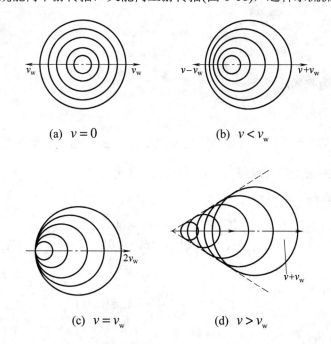

(a)　$v=0$　　　　　　　　　(b)　$v<v_{\mathrm{w}}$

(c)　$v=v_{\mathrm{w}}$　　　　　　　　(d)　$v>v_{\mathrm{w}}$

图 6-16　微波的传播

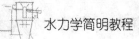

当渠道中水流流速较大，平均水深 $\bar{h} = A/B$ 又相当小时，$v > v_w$，由式(6-20)得 v'_w 只有正值，表明微波只能向下游传播，不能向上游传播(见图 6-16)，这种水流流态是急流。

当渠道中水流流速与平均水深 $\bar{h} = A/B$ 的关系恰好满足 $v = v_w$，由式(6-20)得微波向上游传播的速度为零(图 6-16)，这种水流流态是临界流。这时的明渠流速称为临界流速。

只要比较水流的断面平均流速 v 与微波的相对速度 v_w 的大小，就可以判断干扰波是否会向上游传播，也可以判断水流是属于哪一种流态。

当 $v < v_w$ 时，水流为缓流，干扰波能向上游传播。

当 $v = v_w$ 时，水流为临界流，干扰波不能向上游传播。

当 $v > v_w$ 时，水流为急流，干扰波不能向上游传播。

2. 弗汝德数

水力学中把流速与波速的比值称为弗汝德数，以 Fr 表示，即

$$Fr = \frac{v}{v_w} = \frac{v}{\sqrt{gA/B}} = \frac{v}{\sqrt{g\bar{h}}} \tag{6-21}$$

对临界流来说，$v = v_w$，弗汝德数恰好等于1。因此，可以用弗汝德数来判别明渠水流的流态，即

$Fr < 1$，水流为缓流。

$Fr = 1$，水流为临界流。

$Fr > 1$，水流为急流。

例 6-7 已知某工程截流时合龙口为矩形截面，宽 $B=60\text{m}$，水深 $h=2.0\text{m}$，通过流量为 $Q=1500\text{ m}^3/\text{s}$。试判别龙口处流态，并计算流速和波速。

解：由式(6-21)得

$$Fr = \sqrt{\frac{Q^2 B}{gA^3}} = \sqrt{\frac{1500^2 \times 60}{9.8 \times (60 \times 2.0)^3}} = 7.97 > 1$$

流速

$$v = \frac{Q}{A} = \frac{1500}{60 \times 2.0} = 12.5(\text{m/s})$$

微波波速

$$v_w = \sqrt{g h} = \sqrt{9.8 \times 2.0} = 4.43(\text{m/s}) > v = 12.5(\text{m/s})\ (急流)$$

由于 $Fr > 1$，$v > v_w$，所以水流流态为急流。

6.3.2　断面比能和临界水深

从能量的角度来分析明渠水流的流态。

1. 断面比能

设明渠为非均匀渐变流，如图 6-17 所示。

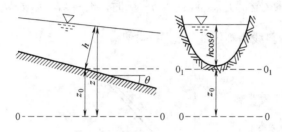

图 6-17　断面比能

以 0-0 为基准面，该断面单位重量液体所具有的机械能为 $E = z + \dfrac{p}{\rho g} + \dfrac{\alpha v^2}{2g}$。

将基准面从 0-0 移动到渠底 0_1-0_1，则单位重量液体所具有的机械能定义为断面比能，用 E_s 表示，则

$$E_s = E - z = h\cos\alpha + \frac{\alpha v^2}{2g} = h\cos\alpha + \frac{\alpha Q^2}{2gA^2} \tag{6-22}$$

由于明渠坡度一般较小，当 $\alpha < 6°$ 时，$\cos\alpha \approx 1$，则式(6-22)改写为

$$E_s = h + \frac{\alpha v^2}{2g} = h + \frac{\alpha Q^2}{2gA^2} \tag{6-23}$$

无论在均匀流还是在非均匀流中，单位重量液体所具有的机械能总是沿程减少的，即 $\dfrac{\mathrm{d}E}{\mathrm{d}s} < 0$。在均匀流中，水深及流速均沿程不变，则断面比能沿程不变；而在非均匀流中，水深及流速均沿程变化，且可能沿程增大也可能沿程减小。因此，断面比能和单位重量液体所具有的机械能是两个不同的概念。二者的区别如下：

(1)　E 和 E_s 两者相差一个渠底高程，E_s 与渠底高程无关。

(2)　流量一定时，E_s 是断面形状、尺寸的函数。

(3)　当流量和断面形状一定时，E_s 是水深函数。

(4)　$\dfrac{dE_s}{ds}(>,<,=)0$　如均匀流$\dfrac{dE_s}{ds}=0$。

(5)　$\dfrac{dE}{ds}<0$。

明渠非均匀流的水深是沿程变化的，由式(6-23)可知，当流量Q、断面形状及尺寸一定时，断面比能E_s只是水深h的函数，即$E_s=f(h)$，则称$E_s=h+\alpha Q^2/(2gA^2)$为断面比能函数，由此函数画出的曲线称为断面比能曲线。

以水深为纵坐标，断面比能为横坐标，当$h\to0$时，$A\to0$，则$\alpha Q^2/(2gA^2)\to\infty$，则$E_s\to0$，此时，比能曲线以横坐标为渐近线；当$h\to\infty$时，$A\to\infty$，则$\alpha Q^2/(2gA^2)\to0$，则$E_s\to0$，此时，比能曲线以45°斜线为渐近线，见图6-18。

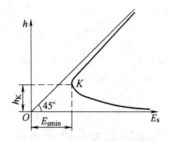

图 6-18　比能曲线

从图6-19可以看出，曲线$E_s=f(h)$有极小值。即当水深$h=h_K$时，断面比能有最小值E_{smin}。相应于断面比能最小值E_{smin}对应的水深称为临界水深，用h_K表示。断面比能最小值把曲线分成上、下两支，在曲线的上半支，$h>h_K$，E_s随水深h的增加而增加，即$\dfrac{dE_s}{dh}>0$；在曲线的下半支，$h<h_K$，E_s随水深h的增加而减小，即$\dfrac{dE_s}{dh}<0$。

将式(6-23)对水深h求导取极值得

$$\frac{dE_s}{dh}=\frac{d}{dh}\left(h+\frac{aQ^2}{2gA^2}\right)=1-\frac{aQ^2}{gA^3}\frac{dA}{dh} \tag{6-24}$$

由于$\dfrac{dA}{dh}=B$(水面宽)，代入上式得

$$\frac{dE_s}{dh}=1-\frac{aQ^2B}{gA^3}=1-\frac{av^2}{g\overline{h}}=1-Fr^2 \tag{6-25}$$

由此可得用断面比能判别流态类型的标准如下：

当$Fr^2=1$，$\dfrac{dE_s}{dh}=0$，流态为临界流。

当 $Fr^2 < 1$，$\dfrac{\mathrm{d}E_s}{\mathrm{d}h} > 0$，流态为缓流。

当 $Fr^2 > 1$，$\dfrac{\mathrm{d}E_s}{\mathrm{d}h} < 0$，流态为急流。

2. 临界水深及其计算

临界水深是指在断面形式和流量给定的条件下，相应于断面比能为最小值时的水深。

由比能曲线(图 6-19)，在曲线的上半支，$h > h_k$，E_s 随水深 h 的增加而增加，即 $\dfrac{\mathrm{d}E_s}{\mathrm{d}h} > 0$；在曲线的下半支，$h < h_K$，$E_s$ 随水深 h 的增加而减小，即 $\dfrac{\mathrm{d}E_s}{\mathrm{d}h} < 0$。

从而得出由临界水深判别明渠水流流态的方法，即

$h > h_K$，水流为缓流。

$h = h_K$，水流为临界流。

$h < h_K$，水流为急流。

在临界流状态，由式(6-25)可得临界状态的水深计算式，即

$$\frac{\mathrm{d}E_s}{\mathrm{d}h} = 1 - \frac{aQ^2 B}{gA^3} = 0 \tag{6-26}$$

式(6-26)也可改写为

$$\frac{aQ^2}{g} = \frac{A_k^3}{B_k} \tag{6-27}$$

式中，A_k 为临界流时的过水面积；B_k 为水面宽度；h_k 为临界水深。

注意： h_k 与渠道断面形状、尺寸、流量有关，与 n、i 无关。

(1) 矩形断面渠道。

由式(6-27)可得

$$h_k = \sqrt[3]{\frac{\alpha Q^2}{gb^2}} = \sqrt[3]{\frac{\alpha q^2}{g}} \tag{6-28}$$

式中，$q = Q/b$，为渠道单宽流量，$\mathrm{m}^3/\mathrm{s} \cdot \mathrm{m}$；$b$ 为矩形渠道宽度。

临界流条件下，矩形明渠水深、流速以及断面比能间的关系为

$$E_{s\min} = h_k + \frac{\alpha v^2}{2g} = h_k + \frac{gh_k}{2g} = \frac{3}{2}h_k$$

(2) 任意断面渠道。

式(6-27)为含 h_k 的高次隐函数式，不能直接求解 h_k。

有两种求解方法，即试算法和图解法。

① 试算法。当给定流量 Q 及断面形状、尺寸后，式(6-27)的左端 $\dfrac{aQ^2}{g}$ 为一定值，该式

的右端 $\dfrac{A_k^3}{B_k}$ 仅是水深的函数。所以，可以假定若干个水深 h，从而可以算出若干个与之对应

的 $\dfrac{A^3}{B}$ 值，当某一 $\dfrac{A^3}{B}$ 值刚好与 $\dfrac{aQ^2}{g}$ 相等时，其相应的水深即为所求的临界水深 h_k。

② 图解法(可以有附图)。图解法的实质与试算法相同。当假定不同的水深 h 时，可以

得出若干个相应的 $\dfrac{A^3}{B}$ 值，以 $\dfrac{A^3}{B}$ 为横轴，h 为纵轴，将这些 $\left(h, \dfrac{A^3}{B}\right)$ 绘制成关系曲线。在该

曲线的 $\dfrac{A^3}{B}$ 轴上，量取值为 $\dfrac{aQ^2}{g}$ 的长度，由此引铅垂线与曲线相交，则交点所对应的 h 值即

为所求的临界水深 h_k，如图 6-19 所示。

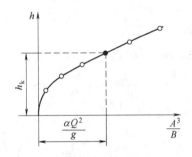

图 6-19　图解法

例 6-8　某矩形断面明渠，流量 $Q=20\,\text{m}^3/\text{s}$，底宽 $b=5\text{m}$。要求：

(1) 用计算及图解法求渠中临界水深。

(2) 计算渠中实际水深 $h=2\text{m}$ 时，水流的弗汝德数、微波波速，并判别水流的流态。

解：(1) 临界水深

单宽流量 $q = \dfrac{Q}{b} = \dfrac{20\text{m}^3/\text{s}}{5\text{m}} = 4.0\text{m}^3/\text{s}\cdot\text{m}$

临界水深 $h_k = \sqrt[3]{\dfrac{aq^2}{g}} = \sqrt[3]{\dfrac{1\times 4.0^2}{9.8}} = 1.63\,(\text{m})$

(2) 当渠中水深为 2m 时

渠中流速 $v = \dfrac{Q}{bh} = \dfrac{20}{5\times 2} = 2.0\,(\text{m/s})$

弗汝德数 $Fr = \sqrt{\dfrac{v^2}{gh}} = \sqrt{\dfrac{2^2}{9.8\times 2\text{m}}} = 0.20$

微波波速　$v_\mathrm{w} = \sqrt{gh} = \sqrt{9.8 \times 2} = 4.43 (\mathrm{m/s})$

(3)　流态判别

用临界水深判别：因 $h > h_\mathrm{k}$，故渠中水流为缓流。

用微波波速判别：因 $v_\mathrm{w} > v$，故水流为缓流。

用弗汝德数判别：因 $Fr < 1$，故渠中水流为缓流

例 6-9　某渠道矩形断面，宽 b 为 4m，糙率 n 为 0.013，底坡 i 为 0.002；试计算该明渠在通过流量 $Q=8\,\mathrm{m^3/s}$ 时的临界底坡，并判别渠道是缓坡或陡坡。

解：计算临界底坡 i_k

$$h_\mathrm{k} = \sqrt[3]{\frac{\alpha Q^2}{gb^2}} = \sqrt[3]{\frac{1 \times 8^2}{9.8 \times 4^2}} = 0.74(\mathrm{m})$$

$$B_\mathrm{k} = b = 4(\mathrm{m})$$

$$A_\mathrm{k} = b \times h_\mathrm{k} = 4 \times 0.74 = 2.96(\mathrm{m}^2)$$

$$\chi_\mathrm{k} = b + 2h_\mathrm{k} = 4 + 2 \times 0.74 = 5.48(\mathrm{m})$$

$$R_\mathrm{k} = \frac{A_\mathrm{k}}{\chi_\mathrm{k}} = \frac{2.96}{5.48} = 0.54(\mathrm{m})$$

$$C_\mathrm{k} = \frac{1}{n} R_\mathrm{k}^{\frac{1}{6}} = \frac{1}{0.013} \times 0.54^{\frac{1}{6}} = 60.42(\mathrm{m^{0.5}/s})$$

$$i_\mathrm{k} = \frac{g\chi_\mathrm{k}}{\alpha C_\mathrm{k}^2 B_\mathrm{k}} = \frac{9.8 \times 5.48}{1 \times 60.42^2 \times 4} = 0.00348$$

由于 $i = 0.003 < i_\mathrm{k}$，所以渠道底坡为缓坡。

6.3.3　临界底坡

对于流量 Q、糙率 n、渠道断面形状和尺寸已知的棱柱形渠道，如果水流的正常水深 h_0 恰好等于临界水深 h_k，则相应的渠道坡度称为临界底坡，用 i_k 表示。

临界底坡是一个假想底坡，与渠道实际底坡无关，仅与渠道流量 Q、糙率 n、断面形状尺寸有关。不同的底坡 i 有相应的正常水深 h_0，底坡 i 越大，正常水深 h_0 越小，如图 6-20 所示。

由明渠均匀流基本公式(6-5)和临界水深的计算式(6-27)可知

$$\begin{cases} Q = A_\mathrm{k} C_\mathrm{k} \sqrt{R_\mathrm{k} i_\mathrm{k}} = K_\mathrm{k} \sqrt{i_\mathrm{k}} \\ \dfrac{A_\mathrm{k}^3}{B_\mathrm{k}} = \dfrac{\alpha Q^2}{g} \end{cases}$$

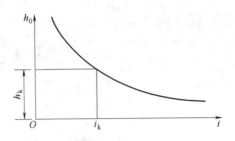

图 6-20　临界底坡

可以推导出

$$i_k = Q^2/C_k^2 A_k^2 R_k = Q^2/K_k^2 = \frac{gA_k^3}{aB_k K_k^2} = \frac{gA_k^3}{aB_k C_k^2 A_k^2 R_k} = \frac{g\chi_k}{aC_k^2 B_k} \qquad (6\text{-}29)$$

式中，C_k、A_k、R_k、K_k 为对应于临界水深的谢才系数、过水面积、水力半径和流量模数。

对于宽浅渠道 $\chi_k \approx B_k$，则 $i_k \approx g/\alpha C_k^2$。

从式(6-29)可以看出，当渠道中的流量发生改变时，临界底坡 i_k 也随之发生改变。在顺坡渠道中，一个底坡为 i 的明渠，在同流量、同断面尺寸和同粗糙系数的情况下，与其相应的临界底坡相比较，可能有 3 种情况，即 $i < i_k$、$i = i_k$ 和 $i > i_k$，根据可能出现的不同情况，可将明渠的底坡分为 3 类：

$i < i_k$，缓坡。

$i = i_k$，临界坡。

$i > i_k$，陡坡。

对于明渠均匀流，若 $i < i_k$，则正常水深 $h_0 > h_k$；若 $i > i_k$，则 $h_0 < h_k$；若 $i = i_k$，则 $h_0 = h_k$。

所以在明渠均匀流中，也可以用正常水深与临界水深相比较判别流态，即

$i < i_k$，　$h_0 > h_k$，水流为缓流。

$i = i_k$，　$h_0 = h_k$，水流为临界流。

$i > i_k$，　$h_0 < h_k$，水流为急流。

需要强调的是，这种判别只适应于明渠均匀流动，对于非均匀流就不一定了。

缓坡、陡坡和临界坡是相对流量(或 n)：不同流量(或 n)下，同一底坡可以是缓坡、陡坡或临界坡；一定 Q，或 n 下，i 属哪种坡度是确定的；3 种底坡上的水流可以是均匀流或非均匀流；每一种底坡可能产生非均匀缓流或非均匀急流。

上述对渠道流态的判别方法中，微波波速、弗汝德数、临界水深及比能随水深的变化，无论是均匀流还是非均匀流都适用。对于临界底坡作为判别标准只适用于均匀流。

例 6-10　一矩形渠道 b 为 5m，n 为 0.015，i 为 0.003；试计算该明渠在通过流量 $Q=10\,\mathrm{m^3/s}$

时的临界底坡，并判别渠道是缓坡还是陡坡。

解：计算临界底坡 i_k

$$h_k = \sqrt[3]{\frac{\alpha Q^2}{g b^2}} = \sqrt[3]{\frac{1 \times 10^2}{9.8 \times 5^2}} = 0.744 (\text{m})$$

$$B_k = b = 5(\text{m})$$

$$A_k = b \times h_k = 5 \times 0.744 = 3.72 (\text{m}^2)$$

$$\chi_k = b + 2h_k = 5 + 2 \times 0.744 = 6.49 (\text{m})$$

$$R_k = \frac{A_k}{\chi_k} = \frac{3.72}{6.49} = 0.573 (\text{m})$$

$$C_k = \frac{1}{n} R_k^{\frac{1}{6}} = \frac{1}{0.015} \times 0.573^{\frac{1}{6}} = 60.76 (\text{m}^{0.5}/\text{s})$$

$$i_k = \frac{g \chi_k}{\alpha C_k^2 B_k} = \frac{9.8 \times 6.49}{1 \times 60.76^2 \times 5} = 0.00344$$

$$i = 0.003 < i_k$$

渠道底坡为缓坡。

6.3.4 水跃与水跌

明渠水流有两种流动状态，即缓流和急流。工程上，由于边界条件的变化，导致流动状态由急流突变为缓流或者由缓流突变为急流。前者水流从急流向缓流过渡时，水面突然跃起的现象，称为水跃(图 6-21)，如闸、坝及陡槽等泄水建筑物下游常有水跃产生。后者水流从缓流过渡到急流，称为水跌(图 6-22)。常见于底坡突然变陡，末端有跌坎或水流自水库进入陡坡及坝顶溢流处。下面对水跃的特征进行详细介绍。

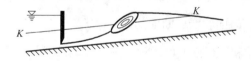

图 6-21 闸下出流

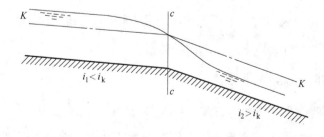

图 6-22 底坡突然变化

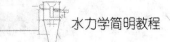
1. 水跃现象

明渠中由急流过渡为缓流时，发生的水流局部突变现象。从水闸或溢流坝下泄的急流受到下游渠道缓流的顶托便发生水跃。水跃区域如图 6-23 所示，在很短的距离内，水深急剧增加，流速相应减小。水跃区的上部不断翻腾旋滚，因掺入空气而呈白色，称为"表面水滚"。水跃区的下部是主流，是流速急剧变化的区域。这两部分的交界面上流速梯度很大，紊动混掺强烈，液体质点不断地穿越交界面进行交换。由于水跃内部水体的强烈摩擦混掺而消耗大量机械能，可达跃前断面急流能量的 60%~70%，因此，通常把水跃作为消能的有效方式之一。

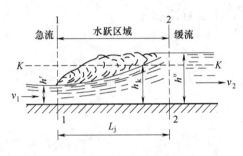

图 6-23 水跃区域

确定水跃区的几何要素如下。

跃前水深 h'——跃前断面(表面水滚起点所在的过水断面)的水深。

跃后水深 h''——跃后断面(表面水滚终点所在的过水断面)的水深。

水跃长度 L——跃前断面和跃后断面间的距离 L_j。

水跃高度 a——跃前和跃后断面的水深之差，$a = h'' - h'$。

2. 水跃方程

由于水跃中能量损失很大，不可忽略，而又未知，故不能应用能量方程求解，必须应用动量方程推导跃前水深与跃后水深之间的关系。

针对水跃的实际情况，需要做以下假设。

(1) 水跃区渠道壁面摩擦阻力较小，可忽略不计。

(2) 跃前、跃后断面为渐变流断面，则断面上的动水压强分布规律与静水压力的分布规律相同。

(3)　跃前、跃后断面的动量修正系数均为 1，即 $\beta_1 = \beta_2 = 1$。

取跃前 1-1 断面和跃后 2-2 断面之间水体为控制体(图 6-24)，列水流流动方向的动量方程为

$$\sum F = P_1 - P_2 - F_f = \rho Q(\beta_2 v_2 - \beta_1 v_1) \tag{6-30}$$

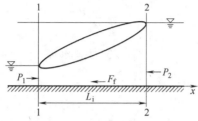

图 6-24　控制体

由于不计壁面摩擦力，动水压力 $P_1 = \rho g h_{c1} A_1$，$P_2 = \rho g h_{c2} A_2$，代入式(6-24)得

$$\frac{\rho g}{g} Q(\beta_2 v_2 - \beta_1 v_1) = P_1 - P_2 - F_f = \rho g\, h_{c1} A_1 - \rho g\, h_{c2} A_2 \tag{6-31}$$

式中，A 为过水断面的面积；h_c 为相应于过水断面面积 A 上形心点水深；v 为相应于跃前、后过水断面的平均流速；下角 1、2 对应跃前和跃后断面。

将式(6-31)消去 ρg，并将 $v_1 = \dfrac{Q}{A_1}$ 和 $v_2 = \dfrac{Q}{A_2}$ 代入整理，则得到棱柱体水平明渠的水跃的基本方程，即

$$\frac{Q^2}{gA_1} + h_{c1} A_1 = \frac{Q^2}{gA_2} + h_{c2} A_2 \tag{6-32}$$

在式(6-26)中，h_c 和 A 都是水深的函数，Q 和 g 均为常数，所以可以写成

$$\frac{Q^2}{gA} + h_c A = J(h) \tag{6-33}$$

式中，$J(h)$ 为水跃函数，水跃方程可化为 $J(h') = J(h'')$，h'，h'' 分别是跃前和跃后水深，是使水跃函数相等的两个水深，这一对水深称为共轭水深。类似比能曲线的方法，可以画出水跃函数的曲线，如图 6-25 所示。从图中可以看出，跃前水深越小，对应的跃后水深越大；反之，跃前水深越大，对应的跃后水深越小。

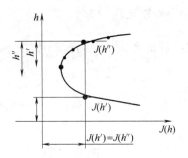

图 6-25 共轭水深

3. 水跃计算

(1) 共轭水深计算。

共轭水深计算是各项水跃计算的基础，一般采用图解法。若已知共轭水深中的一个(跃前水深或跃后水深)，算出这个水深的水跃函数 $J(h')$ 或 $J(h'')$，再由式(6-33)求解另一个共轭水深。

以矩形断面渠道为例，计算矩形断面的共轭水深。

设矩形断面渠道，$A = bh$，$q = \dfrac{Q}{b}$，$h_c = \dfrac{h}{2}$ 代入到水跃方程式(6-32)中，得

$$\frac{q^2}{gh'} + \frac{1}{2}h'^2 = \frac{q^2}{gh''} + \frac{1}{2}h''^2$$

整理并解二次方程，得

$$h' = \frac{h''}{2}\left(\sqrt{1 + \frac{8q^2}{gh''^3}} - 1\right) \tag{6-34}$$

$$h'' = \frac{h'}{2}\left(\sqrt{1 + \frac{8q^2}{gh'^3}} - 1\right) \tag{6-35}$$

式中，$\dfrac{q^2}{gh'^3} = \dfrac{v_1^2}{gh'} = Fr_1^2$

$$\frac{q^2}{gh''^3} = \frac{v_1^2}{gh''} = Fr_2^2$$

则代入式(6-34)及式(6-35)得

$$h' = \frac{h''}{2}(\sqrt{1 + 8Fr_2^2} - 1) \tag{6-36}$$

$$h'' = \frac{h'}{2}(\sqrt{1 + 8Fr_1^2} - 1) \tag{6-37}$$

$$\eta = \frac{h_2}{h_1} = \frac{1}{2}(\sqrt{1+8Fr_1^2}-1) \tag{6-38}$$

式中，η 为共轭水深比；Fr_1 及 Fr_2 分别为跃前和跃后水流的弗汝德数。

(2) 水跃长度计算。

在水跃区域，水流紊动强烈，底部流速较大，对渠底的破坏较大，一般需设置护坦保护。跃后段也需铺设海漫以免河床底部冲刷。由于护坦和海漫长度均与跃长有关，故其确定是十分重要的。由于水跃现象的复杂性，迄今还没有一个较完善的理论公式，仍以经验公式为主。由于跃后断面选择标准不同，跃后位置非绝对固定且水面波动较大，导致经验公式很多，所得结果并不一致。

水跃长度 L_j 是指跃前断面和跃后断面间的水平距离。以矩形渠道为例列举几个水跃长度计算公式。

吴持恭公式

$$L_j = 10(h_2-h_1)Fr_1^{-0.32}$$

欧勒佛托斯基公式

$$L_j = 6.9(h_2-h_1)$$

陈椿庭公式

$$L_j = 9.4(Fr_1-1)h_1$$

(3) 消能计算。

水跃区域表面剧烈旋滚，内部水体掺入大量空气，下部主流区流速由快变慢，急剧扩散。大量质量、动量交换；紊动掺混强烈；产生较大附加切应力，跃前断面的大部分动能转化为热能消耗，因此，水跃中会产生巨大能量损失。

跃前断面与跃后断面单位重量液体的机械能之差即是水跃消除的能量，用 ΔE_j 表示，即

$$\Delta E_j = \left(h' + \frac{\alpha_1 v_1^2}{2g}\right) - \left(h'' + \frac{\alpha_2 v_2^2}{2g}\right) \tag{6-39}$$

或者将式(6-34)或者式(6-35)代入式(6-39)可得计算式为

$$\Delta E_j = \frac{(h''-h')^3}{4h'h''} \tag{6-40}$$

例 6-11　一矩形断面平底渠道，底宽 $b=2.0\text{m}$，流量 $Q=10\text{m}^3/\text{s}$，当渠中发生水跃时，跃前水深 $h_1=0.065\text{m}$，求跃后水深 h_2、水跃长度 L_j 及能量损失。

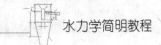

解：单宽流量 $q = \dfrac{Q}{b} = \dfrac{10\text{m}^3/\text{s}}{2.0\text{m}} = 5.0\text{m}^2/\text{s}$

跃前断面平均流速 $v_1 = \dfrac{q}{h_1} = \dfrac{5.0\text{m}^2/\text{s}}{0.65\text{m}} = 7.69\text{m}/\text{s}$

则跃前断面的弗汝德数 $Fr_1 = \dfrac{v_1}{\sqrt{gh_1}} = \dfrac{7.69\text{m}/\text{s}}{\sqrt{9.81\text{m}/\text{s}^2 \times 0.65\text{m}}} = 3.05$

代入式(6-36)求跃后水深为

$$h_2 = \frac{h_1}{2}(\sqrt{1+8Fr_1^2}-1) = \frac{0.65\text{m}}{2}(\sqrt{1+8\times3.05^2}-1) = 2.5(\text{m})$$

按陈椿庭公式计算水跃长度为

$$l_j = 9.4(Fr_1-1)h_1 = 9.4\times(3.05-1)\times0.65\text{m} = 12.5\text{m}$$

计算水跃能量损失，即

$$\Delta E = \frac{(h_2-h_1)^3}{4h_1h_2} = \frac{(2.5\text{m}-0.65\text{m})^3}{4\times0.65\text{m}\times2.5\text{m}} = 0.974\text{m}$$

6.4 棱柱形渠道非均匀渐变流水面曲线变化分析

【学习目标】 掌握棱柱体渠道水面曲线的分类、分区和变化规律，能正确进行水面线定性分析，了解水面线衔接的控制条件；能进行水面线定量计算。

人工渠道或者天然河道中的绝大多数是非均匀流。其特点是底坡线、水面线、总水头线彼此不平行。若流线接近平行直线，流线夹角小则为非均匀渐变流；若流线曲率半径大，流线夹角很大则为非均匀急变流。

明渠非均匀流水深沿程变化，水面线 $h = f(s)$ 是和渠底不平行的曲线，称为水面曲线。水深沿程的变化有很多种情况，直接关系到堤防的高度、河渠的淹没范围等诸多工程问题。分析研究水深沿程的变化规律是明渠非均匀流主要研究的内容。主要从定性和定量两个方面进行分析。前者确定水面曲线的变化趋势，后者定量绘制出水面曲线。

6.4.1 棱柱形渠道非均匀渐变流微分方程

设某段棱柱形渠道，为非均匀渐变流，取过水断面 1-1、2-2，两断面之间长度为 ds。因为是非均匀渐变流，两断面的运动要素相差微小量，如图 6-26 所示。

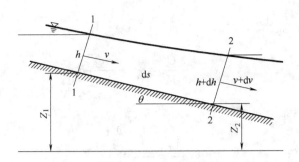

图 6-26　非均匀渐变流

图中，$z_2 = z_1 - i\mathrm{d}s$，列 1-1、2-2 断面能量方程得

$$z_1 + h\cos\theta + \frac{\alpha_1 v^2}{2g} = z_1 - i\,\mathrm{d}s + (h + \mathrm{d}h)\cos\theta + \frac{\alpha_2 (v + \mathrm{d}v)^2}{2g} + \mathrm{d}h_\mathrm{f} + \mathrm{d}h_\mathrm{j} \tag{6-41}$$

令，$d_1 = d_2 = d_3$

并且，$\dfrac{\alpha_2 (v + \mathrm{d}v)^2}{2g} = \dfrac{\alpha(v + \mathrm{d}v)^2}{2g} = \dfrac{\alpha(v^2 + 2v\mathrm{d}v + \mathrm{d}v)^2}{2g}$

不计高阶微量，则

$$\frac{\alpha_2 (v + \mathrm{d}v)^2}{2g} \approx \frac{\alpha(v^2 + 2v\mathrm{d}v)}{2g} = \frac{\alpha v^2}{2g} + \mathrm{d}\left(\frac{\alpha v^2}{2g}\right)$$

则式(6-41)可以改写为

$$i\mathrm{d}s = \cos\theta\mathrm{d}h + \mathrm{d}\left(\frac{\alpha v^2}{2g}\right) + \mathrm{d}h_\mathrm{f} + \mathrm{d}h_\mathrm{j} \tag{6-42}$$

式中，非均匀渐变流可认为水头损失只有沿程水头损失，$\mathrm{d}h_\mathrm{w} = \mathrm{d}h_\mathrm{f}$，采用明渠均匀流基本公式[式(6-5)]得 $\mathrm{d}h_\mathrm{f} = \dfrac{Q^2}{k^2}\mathrm{d}s = \dfrac{v^2}{C^2 R}\mathrm{d}s$，但用两个断面的平均值计算其中的水力要素。代入式(6-42)得明渠恒定流非均匀流基本方程式为

$$i\mathrm{d}s = \cos\theta\,\mathrm{d}h + \mathrm{d}\left(\frac{\alpha v^2}{2g}\right) + \frac{Q^2}{K^2}\mathrm{d}s \tag{6-43}$$

一般明渠渠道 $i < 1/10$，$\cos\theta \approx 1$，代入式(6-43)，并被 $\mathrm{d}s$ 相除得

$$i - \frac{Q^2}{K^2} = \frac{\mathrm{d}h}{\mathrm{d}s} + \frac{\mathrm{d}}{\mathrm{d}s}\left(\frac{\alpha v^2}{2g}\right) \tag{6-44}$$

式中，$\dfrac{\mathrm{d}}{\mathrm{d}s}\left(\dfrac{\alpha v^2}{2g}\right) = \dfrac{\mathrm{d}}{\mathrm{d}s}\left(\dfrac{\alpha Q^2}{2gA^2}\right) = -\dfrac{\alpha Q^2}{gA^3}\dfrac{\mathrm{d}A}{\mathrm{d}s}$

棱柱形渠道过水断面面积 $A = f(h, s)$，所以 $\dfrac{\mathrm{d}A}{\mathrm{d}s} = \dfrac{\partial A}{\partial h}\dfrac{\mathrm{d}h}{\mathrm{d}s}$

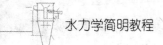

式中，$\dfrac{\partial A}{\partial h} = B$，则 $\dfrac{\mathrm{d}A}{\mathrm{d}s} = B\dfrac{\mathrm{d}h}{\mathrm{d}s}$

$$i - \frac{Q^2}{K^2} = \frac{\mathrm{d}h}{\mathrm{d}s} + \frac{\alpha Q^2}{gA^3}B\frac{\mathrm{d}h}{\mathrm{d}s} \qquad (6\text{-}45)$$

则得棱柱体渠道非均匀渐变流微分方程为

$$\frac{\mathrm{d}h}{\mathrm{d}s} = \frac{i - \dfrac{Q^2}{K^2}}{1 - \dfrac{\alpha BQ^2}{gA^3}} \qquad (6\text{-}46)$$

由明渠均匀流基本公式(6-5)，可知 $\dfrac{\mathrm{d}h_{\mathrm{f}}}{\mathrm{d}s} = \dfrac{Q^2}{K^2}$，并且由水力坡降可知，$\dfrac{\mathrm{d}h_{\mathrm{f}}}{\mathrm{d}s} = J$，则
$J = \dfrac{Q^2}{K^2}$；由式(6-21)可知，弗汝德数 $Fr^2 = \dfrac{v^2}{gA/B} = \dfrac{\alpha Q^2}{gA^3}B$。所以，式(6-46)可改写为

$$\frac{\mathrm{d}h}{\mathrm{d}s} = \frac{i - J}{1 - Fr^2} \qquad (6\text{-}47)$$

式(6-46)或式(6-47)是棱柱形渠道恒定非均匀渐变流微分方程。

6.4.2 水面曲线分析

一般根据渠道条件、流量和控制断面参数确定水面线。由于明渠水面线比较复杂，必须先对水面线形状进行定性分析，这对于定量计算水面线是至关重要的。根据微分方程式(6-47)，棱柱形渠道非均匀渐变流水面曲线的变化，取决于方程中分子、分母的正、负变化。分子、分母同号，$\dfrac{\mathrm{d}h}{\mathrm{d}s} > 0$，水深沿程增加，称为壅水曲线。分子、分母异号，$\dfrac{\mathrm{d}h}{\mathrm{d}s} < 0$，水深沿程降低，称为降水曲线。使分子或分母为零的水深，就是水面线变化规律不同区域的分界。渠道中的水深等于正常水深，即 $h = h_0$ 时，水力坡降与底坡相等，即 $J = i$，则分子 $i - J = 0$。水深等于临界水深，即 $h = h_{\mathrm{k}}$ 时，弗汝德数 $Fr = 1$，则分母 $1 - Fr^2 = 0$。所以借助 $N\text{-}N$ 线(渠道水深为正常水深 h_0，即 $h = h_0$ 时)和 $K\text{-}K$ 线(渠道水深为临界水深 h_{k}，即 $h = h_{\mathrm{k}}$ 时)两条辅助线将流动空间进行分区。

不同的底坡类型(顺坡、逆坡和平坡)，与 $N\text{-}N$ 线和 $K\text{-}K$ 线的相对位置密切相关，所以对于水面曲线需结合不同的底坡类型进行分析。

1. 顺坡($i > 0$)渠道

顺坡渠道分3类：缓坡($i < i_{\mathrm{k}}$)、陡坡($i < i_{\mathrm{k}}$)和临界坡($i = i_{\mathrm{k}}$)，所以分3种情况进行水面

曲线分析。

（1）缓坡（$i < i_k$）。

对于缓坡渠道，$i < i_k$，渠道正常水深 h_0 大于临界水深 h_k，N-N 线与 K-K 线将水流流动空间分为 1、2、3 这 3 个区域，根据控制水深的不同形成在 3 个区域有 3 种情况的水面曲线，见图 6-27。

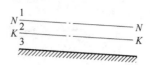

图 6-27　缓坡 $i < i_k$

① 1 区（$h > h_0 > h_k$）

在这一区域，水深大于正常水深，则 $i > J$，$i - J > 0$，由式(6-47)可知分子为正；水深也大于临界水深，水流流态为缓流，则 $Fr < 1$，$1 - Fr^2 > 0$，由式(6-47)可知分母为正。所以，分子、分母同时为正，则 $\dfrac{\mathrm{d}h}{\mathrm{d}s} > 0$，水深沿程增加，水面线是壅水曲线，称为 M_1 型壅水曲线，见图 6-28(a)。

上下游极限情况：上游 $h \to h_0$，$J \to i$，分母 $i - J \to 0$；$h \to h_0 > h_k$，$Fr < 1$，$1 - Fr^2 > 0$。所以比值 $\dfrac{\mathrm{d}h}{\mathrm{d}s} \to 0$，上游极限情况水深沿程不变，水面线以 N-N 线为渐近线。下游 $h \to \infty$，$J \to 0$，分母 $i - J \to i$；$h \to \infty$，$Fr^2 = \dfrac{v^2}{gh} \to 0$，分子 $1 - Fr^2 \to 1$。所以比值 $\dfrac{\mathrm{d}h}{\mathrm{d}s} \to i$，下游极限情况水深沿程增加 i，水面线为水平线。

综上分析，M_1 型壅水曲线上游水面线以 N-N 线为渐近线，下游水面线为水平线。例如，渠道上修建的挡水建筑物，建筑物上游会出现 M_1 型壅水曲线，见图 6-28(b)。

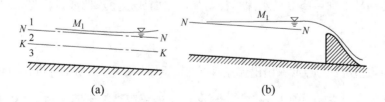

(a)　　　　　　　　　　(b)

图 6-28　M_1 型壅水曲线

② 2 区（$h_0 > h > h_k$）

在这一区域，水深小于正常水深，则 $i < J$，$i - J < 0$，由式(6-47)可知分子为负；水深

大于临界水深，水流流态为缓流，则 $Fr<1$，$1-Fr^2>0$，由式(6-47)可知分母为正。所以，分子、分母为异号，则 $\dfrac{\mathrm{d}h}{\mathrm{d}s}<0$，水深沿程降低，水面线是降水曲线，称为 M_2 型降水曲线，见图6-29(a)。

上下游极限情况：上游 $h\to h_0$，$J\to i$，分母 $i-J\to 0$；$h\to h_0>h_k$，$Fr<1$，$1-Fr^2>0$。所以比值 $\dfrac{\mathrm{d}h}{\mathrm{d}s}\to 0$，上游极限情况水深沿程不变，水面线以 N-N 线为渐近线。下游 $h<h_0$，$i<J$，分母 $i-J<0$；$h\to h_k$，$Fr\to 1$，分子 $1-Fr^2\to 0$。所以比值 $\dfrac{\mathrm{d}h}{\mathrm{d}s}\to -\infty$，下游极限情况水面线与 K-K 线正交，说明水深急剧降低，不再是渐变流，发生水跃现象。

综上分析，M_2 型降水曲线上游水面线以 N-N 线为渐近线，下游水面线与 K-K 线正交，发生水跃现象。例如，渠道末端有跌坎，渠道内出现 M_2 型降水曲线，形成水跃，见图6-29(b)。

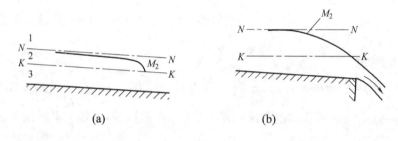

图6-29　M_2 型降水曲线

③　3区($h<h_k<h_0$)

在这一区域，水深小于正常水深，则 $i<J$，$i-J<0$，由式(6-47)可知分子为负；水深小于临界水深，水流流态为急流，则 $Fr>1$，$1-Fr^2<0$，由式(6-47)可知分母为负。所以，分子、分母为同号，则 $\dfrac{\mathrm{d}h}{\mathrm{d}s}>0$，水深沿程增加，水面线是壅水曲线，称为 M_3 型壅水曲线，见图6-30(a)。

上下游极限情况：上游水深由出流条件控制。下游 $h<h_0$，$i<J$，分母 $i-J<0$；$h\to h_k$，$Fr\to 1$，分子 $1-Fr^2\to 0$。所以比值 $\dfrac{\mathrm{d}h}{\mathrm{d}s}\to \infty$，下游极限情况水面线与 K-K 线正交，说明水深急剧增加，发生水跃现象。

综上分析，M_3 型壅水曲线上游水深由出流条件控制，下游水面线与 K-K 线正交，发生水跃现象。例如，在缓坡渠道上修建挡水建筑物，下泄水流的收缩断面水深小于临界水深，急流下泄，由于阻力作用，流速沿程减小，水深沿程增加，形成 M_3 型壅水曲线，见图 6-30(b)。

(2) 陡坡($i > i_k$)。

对于陡坡渠道，$i > i_k$，渠道正常水深 h_0 小于临界水深 h_k，N-N 线与 K-K 线将水流流动空间分为 1、2、3 这 3 个区域，根据控制水深的不同，形成在 3 个区域有 3 种情况的水面曲线，见图 6-31。

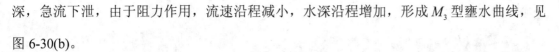

图 6-30　M_3 型壅水曲线

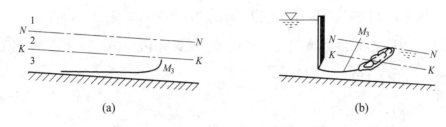

图 6-31　S 型水面曲线

① 1 区($h > h_k > h_0$)

用类似缓坡渠道的分析方法，由式(6-47)可知 $\dfrac{\mathrm{d}h}{\mathrm{d}s} > 0$，水深沿程增加，为壅水曲线，称为 S_1 型壅水曲线，见图 6-31(a)。上游 $h \to h_k$，以很大的角度趋近于临界水深，$\dfrac{\mathrm{d}h}{\mathrm{d}s} \to \infty$，发生水跃；下游 $h \to \infty$，$\dfrac{\mathrm{d}h}{\mathrm{d}s} \to i$，水面线为水平线。

② 2 区($h_k > h > h_0$)

由式(6-47)可知，$\dfrac{\mathrm{d}h}{\mathrm{d}s} < 0$，水深沿程降低，为降水曲线，称为 S_2 型降水曲线，见图 6-31(a)、(b)。上游 $h \to h_k$，$\dfrac{\mathrm{d}h}{\mathrm{d}s} \to -\infty$，发生水跌；下游 $h \to h_0$，$\dfrac{\mathrm{d}h}{\mathrm{d}s} \to 0$，水面线以 $N - N$ 线为渐

近线。

③ 3区($h_k > h_0 > h$)

由式(6-47)可知，$\dfrac{\mathrm{d}h}{\mathrm{d}s} > 0$，水深沿程增加，为壅水曲线，称为 S_3 型壅水曲线，见图 6-31(a)。上游水深由出流条件控制；下游 $h \to h_0$，$\dfrac{\mathrm{d}h}{\mathrm{d}s} \to 0$，水面线以 N-N 线为渐近线。

(3) 临界坡($i = i_k$)。

因为临界坡 $i = i_k$，$h_0 = h_k$，所以 N-N 线与 K-K 线重合，因此流动空间不存在 2 区，只有 1 区和 3 区。水面曲线分别为 C_1 型壅水曲线和 C_3 型壅水曲线，见图 6-32(a)，两条水面线在接近 N-N 线与 K-K 线时，都接近水平。在临界坡渠道中泄水闸门上下游将形成 C_1 和 C_3 型壅水曲线，见图 6-32(b)。

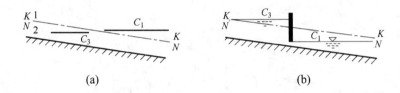

图 6-32 C 型水面曲线

2. 平坡($i > 0$ $i > 0$)渠道

在平坡渠道中，$i = 0$，所以不会发生均匀流，不存在正常水深 N-N 线，而只有临界水深 K-K 线，因此流动空间不存在 1 区，只有 2 区和 3 区，如图 6-33(a)所示。

由于平坡，$i = 0$，式(6-45)可改写为

$$\frac{\mathrm{d}h}{\mathrm{d}s} = \frac{-J}{1 - Fr^2} \tag{6-48}$$

2 区($h > h_k$)，$Fr < 1$，$1 - Fr^2 > 0$，根据式(6-48)可知，$\dfrac{\mathrm{d}h}{\mathrm{d}s} < 0$，水深沿程降低，为降水曲线，称为 H_2 型降水曲线(图 6-33)。上游水面线接近水平；下游水深接近临界水深时，发生水跃。

3 区($h < h_k$)，$Fr > 1$，$1 - Fr^2 < 0$，根据式(6-48)可知，$\dfrac{\mathrm{d}h}{\mathrm{d}s} > 0$，水深沿程增加，为壅水曲线，称为 H_3 型壅水曲线(图 6-33)。上游水深由出流条件控制；下游接近临界水深时，发生水跃。

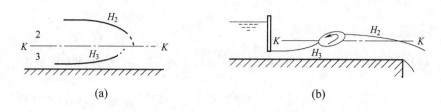

图 6-33　H 型水面曲线

3. 逆坡($i<0$)渠道

逆坡渠道中不可能发生均匀流,因此不存在正常水深线,只有临界水深 K-K 线。同样在逆坡渠道中,流动空间不存在 1 区,只有 2 区和 3 区,如图 6-36(a)所示。

由于逆坡,$i<0$,式(6-38)可改写为

$$\frac{\mathrm{d}h}{\mathrm{d}s}=\frac{-|i|-J}{1-Fr^2} \tag{6-49}$$

2 区($h>h_k$),$Fr<1$,分母 $1-Fr^2>0$,分子 $-|i|-J<0$。根据式(6-48)可知,$\dfrac{\mathrm{d}h}{\mathrm{d}s}<0$,水深沿程降低,为降水曲线,称为 A_2 型降水曲线(图 6-34)。上游水面线接近水平;下游水深接近临界水深时,发生水跌。

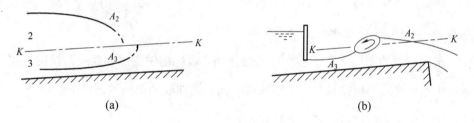

图 6-34　A 型水面曲线

3 区($h>h_k$),$Fr>1$,分母 $1-Fr^2<0$,分子 $-|i|-J<0$。根据式(6-48)可知,$\dfrac{\mathrm{d}h}{\mathrm{d}s}>0$,水深沿程增加,为壅水曲线,称为 A_3 型壅水曲线(图 6-36)。上游水深由出流条件控制;下游接近临界水深时,发生水跃。

6.4.3　水面曲线分析总结

综上所述,棱柱形非均匀渐变流渠道可能有 12 种水面曲线。工程中最常见的是 M_1、M_2、M_3 和 S_2 型 4 种。水面曲线的汇总见表 6-5。下面对水面曲线的分析进行总结。

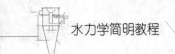

1. 水面曲线分析的一般原则

(1) 棱柱形渠道恒定非均匀渐变流微分方程 $\dfrac{\mathrm{d}h}{\mathrm{d}s} = \dfrac{i-J}{1-Fr^2}$ 是分析和计算水面曲线的理论基础，通过分析 $\dfrac{\mathrm{d}h}{\mathrm{d}s}$ 的单调增减性，可得到水面曲线沿程的变化趋势及两端极限情况。

(2) $N\text{-}N$ 线与 $K\text{-}K$ 线将水流流动空间分为 1、2、3 这 3 个区域，$N\text{-}N$ 线与 $K\text{-}K$ 线不是渠道中的实际水面线，而是流动空间分区的界线。

(3) 微分方程 $\dfrac{\mathrm{d}h}{\mathrm{d}s} = \dfrac{i-J}{1-Fr^2}$ 在每个区域内的解是唯一的，因此，每个区的水面曲线也是唯一的。

(4) 所有 1 区和 3 区的水面曲线都是水深沿程增加的壅水曲线；2 区的水面曲线为降水曲线。

(5) 除临界坡 C_1 型和 C_3 型水面曲线外，其余水面曲线都遵循：当水深 $h \to h_0$ 时，水面曲线以 $N\text{-}N$ 线为渐近线；当 $h \to \infty$ 时，水面曲线以水平线为渐近线；当 $h \to h_k$ 时，水面曲线的连续性发生中断，或与水跃或与水跌相连接(水面曲线与 $K\text{-}K$ 线垂直)。

(6) 当渠道足够长时，在非均匀流影响不到的地方，水流将形成均匀流，水深为正常水深 h_0，水面曲线为 $N\text{-}N$ 线。

(7) 水面曲线的衔接。在工程中经常会遇到几段渠道中的水面曲线衔接的问题，其中两段渠道中水面曲线的衔接是基础。沿水流方向水面曲线的衔接遵循以下原则：

① 由缓流向急流过渡时产生水跌。

② 由急流向缓流过渡时产生水跃。

③ 由缓流向缓流过渡时只影响上游，下游为均匀流。

④ 由急流向急流过渡时只影响下游，上游为均匀流。

⑤ 临界底坡渠道中的流动形态取决于相邻渠道底坡的陡缓，如果上游(或下游)相邻渠道的底坡是缓坡，则为由缓流过渡到缓流，如果上游(或下游)相邻的渠道底坡是陡坡，则为由急流过渡到急流。

⑥ 水库中的流动可视为缓流。

表 6-5　12 种类型的水面曲线总结

底坡	区域	水面曲线名称	水深范围	dh/ds 一般	dh/ds 向上游	dh/ds 向下游	流态	水面曲线简图	工程实例
正坡渠道　缓坡 $i<i_k$	1	M_1	$h>h_0>h_k$	>0	$\to 0$	$\to i$	缓流		
	2	M_2	$h_0>h>h_k$	<0	$\to 0$	$\to\infty$	缓流		
	3	M_3	$h<h_k<h_0$	>0		$\to\infty$	急流		
陡坡 $i>i_k$	1	S_1	$h>h_k>h_0$	>0	$\to\infty$	$\to i$	缓流		
	2	S_2	$h_k>h>h_0$	<0	$\to-\infty$	$\to 0$	急流		
	3	S_3	$h_k>h_0>h$	>0		$\to 0$	急流		
临界坡 $i=i_k$	1	C_1	$h>h_k$	>0			缓流		
	3	C_3	$h<h_k$	>0			急流		
平坡渠道 $i=0$	2	H_2	$h>h_k$	<0	$\to 0$	$\to\infty$	缓流		
	3	H_3	$h<h_k$	>0		$\to\infty$	急流		
逆坡渠道 $i<0$	2	A_2	$h>h_k$	<0	$\to i$	$\to-\infty$	缓流		
	3	A_3	$h>h_k$	>0		$\to\infty$	急流		

2. 水面曲线分析的步骤

(1) 收缩断面水深，如闸孔出流、无压涵洞进口、溢流堰下游等收缩断面水深，均可由已知条件计算确定。

(2) 闸、坝、桥、涵上游断面的水深，由闸孔出流公式或堰流公式确定。

(3) 长直渠道中的正常水深由已知条件计算确定。

(4) 根据已知条件，给出一定底坡情况下的 N-N 线、K-K 线(或只有 K-K 线)。

(5) 找出控制断面位置及水深。

(6) 由控制水深所处的区域确定水面曲线的类型，由水面曲线变换规律确定水面曲线的变化趋势。

(7) 控制断面发生的位置。在水面曲线的分析中，控制断面的位置是非常重要的。工程中常见的控制断面如下。

① 跌坎处或缓坡向陡坡转折处的水深为临界水深 h_k。

② 渠道底坡由陡坡变为缓坡时，由于陡坡中水流为急流，缓坡中水流为缓流，水流由急流过渡到缓流时必然发生水跃。水跃自水深小于临界水深跃入大于临界水深，其间必经过临界水深。

③ 当水流自水库进入陡坡时，水库中水流为缓流，而陡坡中水流为急流，水流由缓流过渡到急流时，必经过临界水深。

例 6-12　有一梯形断面土渠如图 6-35 所示，已知流量 $Q=15.6\,\mathrm{m^3/s}$，底宽 $b=10\mathrm{m}$，边坡系数 $m=1.5$，糙率 $n=0.02$，取不冲淤流速 $v=0.85\,\mathrm{m/s}$，试求：(1)正常水深 h_0；(2)底坡 i；(3)试定性绘制下面棱柱形断面长渠道中产生的水面曲线。

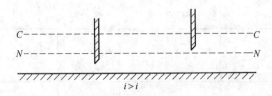

图 6-35　例 6-12 图

解：

(1) 因为 $A=\dfrac{Q}{v}=\dfrac{15.6}{0.85}=18.35\mathrm{m^2}$，$A=(b+mh_0)h_0$

所以 $18.35 = (10 + 1.5h_0)h_0$，$1.5h_0^2 + 10h_0 - 18.35 = 0$，

$$h_1 = \frac{-10 \pm \sqrt{10^2 + 4 \times 1.5 \times 18.35}}{2 \times 1.5} = \frac{-10 \pm 14.49}{3}$$

因 $h_0 = 8.16\text{m}$，负值无意义，故取 $h_0 = 1.5\text{m}$。

(2)　因为 $R = \dfrac{A}{\chi} = \dfrac{A}{b + 2h\sqrt{1 + m^2}} = \dfrac{18.35}{10 + 3\sqrt{1 + 1.5^2}} = 1.2(\text{m})$

$$C = \frac{1}{n}R^{1/6} = \frac{1}{0.02} \times 1.2^{1/6} = 51.54(\text{m}^{1/2}/\text{s})$$

所以 $i = \dfrac{Q^2}{A^2 C^2 R} = \dfrac{15.6^2}{18.35^2 \times 51.54^2 \times 1.2} = 0.00023$

(3)　定性绘制水面曲线。

如图 6-36(a)所示，因 $i > i_0, h_0 < h$，故为陡坡渠道，上游闸门后的收缩水深 $h_{r0} < h_0$，下游门开度大于 h，故上游闸前产生 S_1 型水面曲线，闸后为 S_2 型水面曲线。

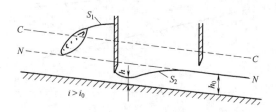

图 6-36　例 6-12 图

例 6-13　如图 6-37 所示两段渠道，已知 $i_1 > i_k$，$i_2 > i_k$，且 $i_1 > i_2$，上游渠道的上游水深趋近于 h_{01}，下游渠道的下游水深趋近于 h_{02}，试分析水面曲线的衔接形式。

分析：

因为 $i_1 > i_2$，所以渠道中水深总的趋势是壅水曲线。但上游渠道中不能壅水，否则在上游渠道中的 b 区会出现壅水现象，这是不合理的。所以在 1-1 断面水深为 h_{01}，对于下游渠道，水深由 h_{01} 过渡到 h_{02}，所以出现 C_2 型壅水曲线，如图 6-37 中的实线所示。

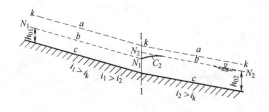

图 6-37　例 6-13 图

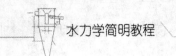

6.4.4 明渠非均匀渐变流水面曲线的计算

上一节对水深沿程变化作出定性分析，工程中有时还需要定量计算绘出水面线。常用计算方法有分段求和法、水力指数法和简化计算法等。下面介绍分段求和法对水面曲线进行定量计算(图 6-38)。

由明渠恒定流非均匀流的基本方程式(6-43)，即 $ids = \cos\theta dh + d\left(\dfrac{\alpha v^2}{2g}\right) + \dfrac{Q^2}{K^2}ds$ ，

则

$$\frac{dE_s}{ds} = i - \overline{J}$$

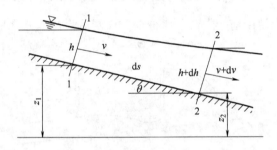

图 6-38 A 型水面曲线

其中 $E_s = h\cos\theta + \dfrac{\alpha v^2}{2g}$； $\overline{J} = \dfrac{Q^2}{K^2} = \dfrac{v^2}{C^2 R}$

则得分段求和法基本公式

$$\Delta s = \frac{\Delta E_s}{i - \overline{J}} = \frac{E_2 - E_1}{i - \overline{J}} \tag{6-50}$$

式中，$\overline{J}$ 可以采用以下方法进行计算：

$$(1) \quad \overline{J} = \frac{Q^2}{\overline{K}^2} \quad \overline{K} = \begin{cases} \overline{AC}\sqrt{R} \\ \sqrt{\dfrac{1}{2}(K_1^2 + K_2^2)} \\ \dfrac{1}{\sqrt{\dfrac{1}{2}\left(\dfrac{1}{K_1^2} + \dfrac{1}{K_2^2}\right)}} \end{cases}$$

(2)　$\overline{J} = (J_1 + J_2)/2$，$J\big|_{1,2} = \dfrac{v^2}{C^2 R}\Big|_{1,2} = \dfrac{Q^2}{A^2 C^2 R}\Big|_{1,2}$

流程总长度

$$s = \sum \Delta s = \sum \frac{E_2 - E_1}{(i - J)} \tag{6-51}$$

以控制断面水深作为起始水深 h_1（或 h_2），假设水深 h_2（或 h_1），计算 ΔE_s 和 $\overline{J}$，代入式 (6-51)，即可求出第一分段长度 Δs_1。再以 Δs_1 处断面的水深作为下一分段的起始水深，用同样的步骤可求出第二个分段的长度 Δs_2。依次计算，直到分段长度之和等于渠道的全长，即 $\sum \Delta s = s$。根据所求各个断面的水深及各分段长度，即可定量绘制出水面曲线。

例 6-14　有一梯形断面渠道如图 6-39 所示，长度 $L = 500\mathrm{m}$，底宽 $b = 6\mathrm{m}$，边坡系数 $m = 2$，底坡 $i = 0.0016$，粗糙系数 $n = 0.025$，当通过流量 $Q = 10\,\mathrm{m}^3/\mathrm{s}$ 时，闸前水深 $h_e = 1.5\,\mathrm{m}$，试按分段试算法计算并绘制水面曲线。

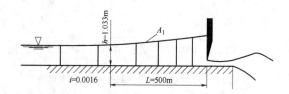

图 6-39　例 6-14 图

解：

(1) 判断水面曲线类型。

对于梯形断面渠道，临界水深的计算公式为

$$h_k = \left(\frac{Q^2}{g}\right)^{1/3} \frac{(b + 2mh_k)^{1/3}}{b + mh_k} = \left(\frac{10^2}{9.8}\right)^{1/3} \frac{(6 + 2\times 2h_k)^{1/3}}{6 + 2h_k} = 2.169 \times \frac{(6 + 4h_k)^{1/3}}{6 + 2h_k}$$

迭代得 $h_k = 0.6115\mathrm{m}$。正常水深为

$$h_0 = \left(\frac{nQ}{\sqrt{i}}\right)^{3/5} \frac{\left(b + 2\sqrt{1 + m^2}\,h_0\right)^{2/5}}{b + mh_0}$$

$$= \left(\frac{0.025 \times 10}{\sqrt{0.0016}}\right)^{3/5} \frac{\left(6 + 2\times \sqrt{1 + 2^2}\,h_0\right)^{2/5}}{6 + 2h_0}$$

$$= 3.003 \times \frac{(6 + 2\sqrt{5}\,h_0)^{2/5}}{6 + 2h_0}$$

迭代得 $h_0 = 0.9632\mathrm{m}$。

因为 $h_0 > h_k$，所以渠道属于缓坡渠道。又因为下游水深大于正常水深，所以水面为 A_1 型壅水曲线。曲线的上游端以正常水深为渐近线，曲线的下游端以水平线为渐近线。在计算水面线时，取曲线上游端比正常水深稍大一点，即取 $h = 0.97\text{m}$。

(2) 计算水面线。

$$\Delta s = \frac{\Delta E_s}{i - \overline{J}} = \frac{E_{s2} - E_{s1}}{i - \overline{J}}$$

$$E_s = h\cos\alpha + \frac{Q^2}{2gA^2} \approx h + \frac{Q^2}{2gA^2} = h + \frac{10^2}{2\times 9.8A^2} = h + \frac{5.102}{A^2}$$

$$A = (b+mh)h = (6+2h)h$$

$$\chi = b + 2\sqrt{1+m^2}h = 6 + 2\sqrt{1+2^2}h = 6 + 2\sqrt{5}h$$

$$R = \frac{A}{\chi} = \frac{(6+2h)h}{6+2\sqrt{5}h}$$

现以 $h_2 = 1.5\text{m}$、$h_1 = 1.4\text{m}$ 和有关数据代入以上各式，求两断面之间的距离 $s_{1\text{-}2}$。分别求得：

$A_2 = (6+2\times 1.5)\times 1.5 = 13.5(\text{m}^2)$；$A_1 = (6+2\times 1.4)\times 1.4 = 12.32(\text{m}^2)$；

$\chi_2 = 6 + 2\sqrt{5}\times 1.5 = 12.708(\text{m})$；$\chi_1 = 6 + 2\sqrt{5}\times 1.4 = 12.261(\text{m})$；

$R_2 = \frac{A_2}{\chi_2} = \frac{13.5}{12.708} = 1.0623(\text{m})$；$\chi_1 = 6 + 2\sqrt{5}\times 1.4 = 12.261(\text{m})$；

$R_1 = \frac{A_1}{\chi_1} = \frac{12.32}{12.261} = 1.005(\text{m})$；

$v_2 = \frac{Q}{A_2} = \frac{10}{13.5} = 0.7407(\text{m/s})$；$v_1 = \frac{Q}{A_1} = \frac{10}{12.32} = 0.8117(\text{m/s})$；

$C_2 = \frac{1}{n}R_2^{1/6} = \frac{1}{0.025}\times 1.0623^{1/6} = 40.405$；$C_1 = \frac{1}{n}R_1^{1/6} = \frac{1}{0.025}\times 1.005^{1/6} = 40.033$；

$\overline{R} = \frac{1}{2}(R_1+R_2) = \frac{1}{2}(1.005+1.0623) = 1.0337(\text{m})$；

$\overline{C} = \frac{1}{2}(C_1+C_2) = \frac{1}{2}(40.033+40.405) = 40.219$；

$\overline{v} = \frac{1}{2}(v_1+v_2) = \frac{1}{2}(0.8117+0.7407) = 0.7762(\text{m/s})$；

$\overline{J} = \frac{\overline{v}^2}{\overline{C}^2\overline{R}} = \frac{0.7762^2}{40.219^2\times 1.0337} = 3.6034\times 10^{-4}$；

$E_{s1} = h_1 + \frac{5.102}{A_1^2} = 1.4 + \frac{5.102}{12.32^2} = 1.434(\text{m})$；

$E_{s2} = h_2 + \frac{5.102}{A_2^2} = 1.5 + \frac{5.102}{13.5^2} = 1.528(\text{m})$；

$$\Delta s = \frac{E_{s2} - E_{s1}}{i - \bar{J}} = \frac{1.528 - 1.434}{0.0016 - 3.6034 \times 10^{-4}} = 75.83 (m) 。$$

其余各流段的计算完全相同,列表计算如表 6-6 所示。

表 6-6 例 6-14 计算结果

h /m	A /m^2	χ /m	R /m	v /(m/s)	C	$\bar{J}$ /×10^{-4}	E_s /m	ΔE_s /m	Δs /m	$\sum \Delta s$ /m
1.5	13.5	12.708	1.0623	0.7407	44.405		1.528			
1.4	12.32	12.261	1.005	0.8117	40.033	3.6034	1.434	0.094	75.83	75.83
1.3	11.18	11.814	0.9463	0.8945	39.634	4.7012	1.341	0.093	82.31	158.14
1.2	10.08	11.367	0.8868	0.9921	39.207	6.2474	1.250	0.091	93.31	251.45
1.1	9.02	10.919	0.8261	1.1086	38.746	8.4793	1.163	0.087	115.68	367.13
1.0	8.0	10.472	0.7639	1.2500	38.244	11.8052	1.080	0.083	197.86	565.00
0.97	7.702	10.338	0.745	1.2984	38.085	14.775	1.056	0.024	195.92	760.92

由内插法求距闸门 500m 处的水深。由表 6-7 中可以看出,距闸门 500m 处的水深介于 1.0～1.1m 之间,用内插法得

$$\frac{1.1 - 1.0}{565 - 367.13} = \frac{h - 1.0}{565 - 500}$$

解得 $h = 1.033m$。水面曲线如图 6-39 所示。

本章小结

本章有 4 个重点:明渠均匀流水力计算;明渠水流 3 种流态的判别;明渠恒定非均匀渐变流水面曲线分析和计算,这部分也是本章的难点;水跃的特性和共轭水深计算。学习时应围绕这 4 个重点,掌握相关的基本概念和计算公式。

1. 明渠和明渠水流的几何特征和分类

(1) 明渠水流的分类:

$$\left\{ \begin{array}{l} 明渠恒定均匀流 \\ 明渠恒定非均匀流(包括渐变流和急变流) \\ 明渠非恒定流 \end{array} \right.$$

明渠非恒定流一定是非均匀流。

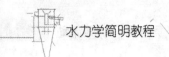

明渠非均匀流根据其流线不平行和弯曲的程度，又可以分为渐变流和急变流。

(2) 明渠梯形断面水力要素的计算公式：

$$\begin{cases} 水面宽度 & B = b + 2mh \\ 过水断面面积 & A = (b + mh)h \\ 湿周 & \chi = b + 2h\sqrt{1+m^2} \\ 水力半径 & R = \dfrac{A}{\chi} = \dfrac{(b+mh)h}{b+2h\sqrt{1+m^2}} \end{cases}$$

式中，b 为梯形断面底宽；m 为梯形断面边坡系数；h 为梯形断面水深。

(3) 棱柱体明渠和非棱柱体明渠。

按照明渠横断面形状尺寸是否沿流程变化，可将明渠分为棱柱体明渠和非棱柱体明渠两类。棱柱体明渠是指断面形状尺寸沿流程不变的长直明渠；非棱柱体明渠是指断面形状尺寸沿流程不断变化的明渠。

(4) 纵断面和底坡。

沿渠道中心线所作的铅垂平面与渠底的交线称为底坡线(渠底线、河底线)，即明渠的纵断面。该铅垂面与水面的交线称为水面线。底坡是指沿水流方向单位长度内的渠底高程降落值，以符号 i 表示。可用下式计算，即

$$i = \sin\theta = \frac{z_1 - z_2}{s}$$

式中，z_1、z_2 为渠道进口和出口的渠底高程；s 为渠道进口和出口间的流程长度；θ 为底坡线与水平线之间的夹角。通常由于 θ 角很小，故常以两断面间的水平距离来代替流程长度，即 $\sin\theta = \tan\theta$。

根据底坡的正负，可将明渠分为以下 3 类：$i > 0$，称为正坡或顺坡；$i = 0$，称为平坡；$i < 0$，称为负坡、逆坡或反坡。人工渠道 3 种底坡类型均可能出现，但在天然河道中，长期的水流运动形成往往是正坡。

2. 明渠均匀流特性和计算公式

(1) 明渠均匀流的特征。

① 过水断面的形状和尺寸、流速、流量、水深沿程都不变。

② 流线是相互平行的直线，流动过程中只有沿程水头损失，而没有局部水头损失。

③　由于水深沿程不变，故水面线与渠底线相互平行。

④　由于断面平均流速及流速水头沿程不变，故测压管水头线与总水头线相互平行。

⑤　由于明渠均匀流的水面线即测压管水头线，故明渠均匀流的底坡线、水面线、总水头线三者相互平行。

⑥　从力学角度分析，均匀流动是重力沿流动方向的分力和阻力相平衡时产生的流动。

(2)　明渠均匀流公式。

明渠均匀流计算式是由连续性方程和谢才公式组成的，即

$$v = C\sqrt{Ri} \text{ 或 } Q = AC\sqrt{Ri} = K\sqrt{i}$$

式中，$C = \dfrac{1}{n}R^{1/6}$；K 是流量模数，它表示当底坡为 $i = 1$ 的时候，渠道中通过均匀流的流量。

(3)　水力最优断面。

当过水断面面积一定，渠道能够通过最大流量的断面形状；或者说通过的流量一定，所需过水面积最小的断面称为水力最优断面。

梯形断面明渠满足水力最佳断面的条件是，渠道的宽深比为

$$\beta_{\mathrm{m}} = \frac{b_{\mathrm{m}}}{h_{\mathrm{m}}} 2(\sqrt{1+m^2} - m)$$

对于矩形断面 $m = 0$，则 $\beta_{\mathrm{m}} = 2$，即矩形水力最优断面的底宽 b 等于水深 h 的 2 倍。

应当指出，以上所得出的水力最优断面的条件，只是从水力学角度考虑的。从工程投资角度考虑，水力最优断面不一定是工程最经济的断面。

(4)　允许流速。

允许流速是为了保证渠道安全稳定地运行在流速上的限制。允许流速包括不冲流速、不淤流速和其他运行管理要求的流速限制。在实际明渠均匀流计算中，必须结合工程要求进行校核。

3. 明渠均匀流水力计算

明渠均匀流水力计算包括 3 类问题。

(1)　即确定已建渠道的过流能力 Q，可以应用明渠均匀流公式直接计算。

(2)　确定渠道的糙率 n。

(3)　进行渠道断面尺寸的设计(包括正常水深 h_0、渠道底宽 b 和底坡 i 的计算)。

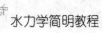

重点掌握梯形断面明渠的设计计算。正常水深 h_0、渠道底宽 b 的计算可以采用试算法、查图法、电算法等。

4. 明渠水流流态及判别

(1) 明渠水流的 3 种流态。

明渠水流的 3 种流态(缓流、急流和临界流)是根据水流速度与液面干扰波的传播速度的对比关系来定义的，它仅存在于明渠水流。

$v < v_w$ 时，水流为缓流，干扰波能向上游传播。

$v = v_w$ 时，水流为临界流，干扰波不能向上游传播。

$v > v_w$ 时，水流为急流，干扰波不能向上游传播。

前面曾讨论了液体的层流和紊流运动，它们在明渠水流和管流中都存在；而缓流、急流和临界流只能出现在明渠水流中。要注意这是两种不同类型流态，需要搞清这两种不同类型流态的定义和区别。

(2) 明渠水流流态判别数——弗汝德数 Fr。

弗汝德数为

$$Fr = \frac{v}{\sqrt{g\bar{h}}}$$

$Fr < 1$，水流为缓流。

$Fr = 1$，水流为临界流。

$Fr > 1$，水流为急流。

(3) 断面比能 E_s。

断面比能 E_s 是以通过明渠断面最低点的水平面为基准的单位重量水体所具有的总机械能，可表示为

$$E_s = h + \frac{\alpha v^2}{2g} = h + \frac{\alpha Q^2}{2gA^2}$$

$\dfrac{\mathrm{d}E_s}{\mathrm{d}h} > 0$，水流是缓流。

$\dfrac{\mathrm{d}E_s}{\mathrm{d}h} < 0$，水流是急流。

$\dfrac{\mathrm{d}E_s}{\mathrm{d}h} = 0$，$Fr = 1$，水流是临界流。

如果以纵坐标表示水深 h，以横坐标表示断面比能 E_s，则一定流量下所讨论断面的断面比能 E_s 随水深 h 的变化规律可以用 h-E_s 曲线来表示，这个曲线称为比能曲线。

（4）临界水深 h_k。

E_s 取极小值，对应的水深是临界水深 h_k，临界水深 h_k 是讨论明渠水流运动和水面线的重要参数，其计算式为

$$\frac{\alpha Q^2}{g} = \frac{A_k^3}{B_k}$$

矩形断面明渠临界水深的计算式为

$$h_k = \sqrt[3]{\frac{\alpha Q^2}{g b^2}} = \sqrt[3]{\frac{\alpha q^2}{g}}$$

利用临界水深 h_k 可以判别明渠水流的流态：

$h > h_k$，水流为缓流。

$h = h_k$，水流为临界流。

$h < h_k$，水流为急流。

（5）临界底坡 i_k。

改变渠道的底坡，使渠道中出现的均匀流为临界流时，这时渠道的底坡称为临界底坡，即底坡为 i_k。

临界底坡的计算式为

$$i_k = \frac{g A_k}{\alpha C_k^2 R_k B_k} = \frac{g \chi_k}{\alpha C_k^2 B_k}$$

引入临界底坡之后，可将正坡明渠再分为缓坡、陡坡、临界坡 3 种类型。如果渠道的实际底坡，$i < i_k$，称它为缓坡；$i > i_k$，称为陡坡；$i = i_k$，称为临界坡。

对明渠均匀流而言，

$i < i_k$，　$h_0 > h_k$，水流为缓流。

$i = i_k$，　$h_0 = h_k$，水流为临界流。

$i > i_k$，　$h_0 < h_k$，水流为急流。

5. 水跃和水跌

（1）水跃。

水流从急流跨过临界水深 h_k 变成缓流，形成急剧翻滚的旋涡，这种水力突变现象称为

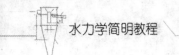

水跃，常发生在闸、坝的下游和由陡坡向缓坡的过渡。

在棱柱体水平明渠中，水跃共轭方程为

$$A_1 h_{c1} + \frac{Q^2}{g A_1} = A_2 h_{c2} + \frac{Q^2}{g A_2}$$

即

$$J(h_1) = J(h_2)$$

$J(h)$ 称为水跃函数，水跃方程表明跃前断面的水跃函数值等于跃后断面的水跃函数值。把满足水跃方程的跃前断面水深 h_1 和跃后断面水深 h_2 称为一对共轭水深。

矩形断面明渠的共轭水深计算依据下列公式，即

$$h_2 = \frac{h_1}{2}\left[\sqrt{1 + 8 Fr_1^2} - 1 \right]$$

或

$$h_1 = \frac{h_2}{2}\left[\sqrt{1 + 8 Fr_2^2} - 1 \right]$$

矩形断面的水跃长度可采用经验公式计算。

(2) 水跌。

水流从缓流向急流过渡，水面经过临界水深 h_k，形成水跌现象。水跌经常发生在跌坎处、由缓坡向陡坡过渡及水流由水库进入陡坡渠道等地方。

6. 棱柱体明渠恒定非均匀渐变流水面曲线分析

(1) 棱柱体明渠渐变流水面曲线分析的基本方程为

$$\frac{\mathrm{d}h}{\mathrm{d}s} = \frac{i - J}{1 - Fr^2}$$

(2) 棱柱形非均匀渐变流渠道可能有 12 种水面曲线。工程中最常见的是 M_1、M_2、M_3 和 S_2 型 4 种。

7. 明渠恒定非均匀渐变流水面曲线的计算

分段求和法基本公式为

$$\Delta s = \frac{\Delta E_s}{i - \bar{J}} = \frac{E_2 - E_1}{i - \bar{J}}$$

式中，$\bar{J}$ 可以采用以下方法进行计算，即

(1) $\quad \bar{J} = \dfrac{Q^2}{\overline{K}^2} \qquad \overline{K} = \begin{cases} \overline{AC}\sqrt{R} \\[2mm] \sqrt{\dfrac{1}{2}(K_1^2 + K_2^2)} \\[4mm] \dfrac{1}{\sqrt{\dfrac{1}{2}\left(\dfrac{1}{K_1^2} + \dfrac{1}{K_2^2}\right)}} \end{cases}$

(2) $\quad \bar{J} = (J_1 + J_2)/2 \qquad J\big|_{i=1,2} = \dfrac{v^2}{C^2 R}\bigg|_{i=1,2} = \dfrac{Q^2}{A^2 C^2 R}\bigg|_{i=1,2}$

流程总长度为

$$s = \sum \Delta s = \sum \frac{E_2 - E_1}{(i - J)}$$

习题

思考题

6-1 简述明渠均匀流的特性和形成条件,从能量观点分析明渠均匀流为什么只能发生在正坡长渠道中。

6-2 什么是正常水深?它的大小与哪些因素有关?当其他条件相同时,糙率 n、底宽 b 或底坡 i 分别发生变化时,试分析正常水深将如何变化。

6-3 什么是水力最优断面?矩形断面渠道水力最优断面的底宽 b 和水深 h 是什么关系?

6-4 什么是允许流速?为什么在明渠均匀流水力计算中要进行允许流速的校核?

6-5 从明渠均匀流公式导出糙率的表达式,并说明如何测定渠道的糙率。

6-6 明渠水流的 3 种流态有什么特征?如何进行判别?

6-7 什么是断面比能 E_s?它与单位重量液体的总机械能 E 有什么区别?在明渠均匀流中,断面比能 E_s 和单位重量液体的总机械能 E 沿流程是怎样变化的?

6-8 叙述明渠水流弗汝德数 Fr 的表达式和物理意义。

6-9 什么是临界水深?它与哪些因素有关?

6-10 (1)在缓坡渠道上,下列哪些流动可能发生?哪些流动不可能发生?

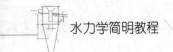

均匀缓流；均匀急流；非均匀缓流；非均匀急流。

(2) 在陡坡渠道上，下列哪些流动可能发生？哪些流动不可能发生？

均匀缓流；均匀急流；非均匀缓流；非均匀急流。

6-11　叙述缓流与急流、渐变流与急变流的概念有何区别。

6-12　试叙述水跃的特征和产生的条件。

6-13　如何计算矩形断面明渠水跃的共轭水深？在其他条件相同的情况下，当跃前水深发生变化时跃后水深如何变化？

6-14　在分析棱柱体渠道非均匀流水面曲线时怎样分区？怎样确定控制水深？怎样判断水面线变化趋势？

计算题

6-1　某梯形断面的中壤土渠道，已知渠道中通过的流量 $Q=5\mathrm{m}^3/\mathrm{s}$，边坡系数为 $m=1.0$，底坡 $i=0.0002$，糙率 $n=0.020$，试按水力最优断面设计梯形断面的尺寸。

6-2　有一矩形断面混凝土渡渠($n=0.014$)，底宽 $b=1.5\mathrm{m}$，渠长 $L=116.5\mathrm{m}$。进口处渠底高程 $\nabla=52.06\mathrm{m}$，当通过设计流量 $Q=7.65\mathrm{m}^3/\mathrm{s}$ 时，渠中均匀流水深 $h_0=1.7\mathrm{m}$，试求出口渠底高程 ∇_2。

6-3　某矩形断面渠道在水平底板上设置平板闸门，矩形断面渠道的宽度为 $b=5.0\mathrm{m}$。当闸门局部开启时，通过的流量 $Q=20.4\mathrm{m}^3/\mathrm{s}$，出闸水深为 $h_1=0.62\mathrm{m}$，如果要求在出闸水深 $h_1=0.62\mathrm{m}$ 处发生水跃，试计算闸下游渠道内的水深 h_2。

6-4　定性绘出图 6-40 所示棱柱形明渠内的水面曲线，并注明曲线名称及流态。(各渠段均充分长，各段糙率相同)

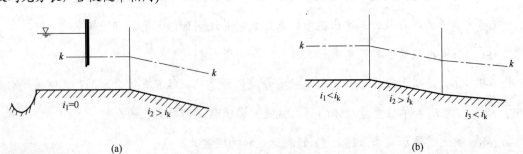

(a)　　　　　　　　　　(b)

图 6-40　习题 6-4 图

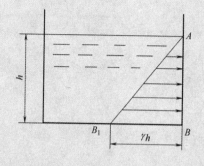

第7章

堰　　流

- 了解堰的分类、堰的基本功能和用途。
- 堰流的水力计算。
- 侧收缩和下游淹没对堰的影响。

- 能掌握堰流的形式及水力计算公式。
- 能熟练掌堰流的基本公式。
- 能熟练掌握侧收缩和下游淹没对堰的影响。

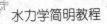
明渠缓流中，工程上常需要修建为控制水位或流量的障壁等水工建筑物，这些建筑物称为堰，水经过堰顶发生溢流的水力现象称为堰流。

堰流的各项特征量如图 7-1 所示。

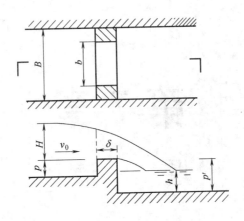

图 7-1　堰流

图 7-1 中，B 为上游渠道宽；b 为堰宽；H 为堰上水头；p 为堰上游坎高；δ 为堰顶厚度；h 为堰下游水深；p' 为堰下游坎高。

堰流具有以下的水力特征。

(1) 堰的上游水流受到堰壁的阻挡，水面雍高，势能增大；堰顶水深变小，流速变大，使动能增大，在势能转化为动能的过程中，水面有下跌的现象。

(2) 堰流一般从缓流向急流过渡，形成急变流。所以，堰流在水力计算时只考虑局部水头损失，不计沿程水头损失。

(3) 水流流过堰顶时由于惯性力的作用，会脱离堰；由于表面张力的作用，具有自由表面，水流会收缩。

依据堰顶宽度 δ 与堰上水头 H 的比值对堰进行分类：

(1) 薄壁堰($\delta/H \leqslant 0.67$)，水流由于受到堰壁的阻挡，水流由于惯性力的作用，流速方向向上弯曲，水流离开堰顶后，在重力作用下回落。堰顶与水流只有一条线的接触，堰顶对水流无影响，见图 7-2。

(2) 宽顶堰($2.5 < \delta/H \leqslant 0$)，堰顶宽度对水流有显著影响，在堰顶一次跌落后形成一段与堰顶近乎平行的水流；如下游水位较低，水流在流出堰顶时将产生第二次跌落，见图 7-3。

(3) 实用堰(0.67<δ/H≤2.5)，堰顶宽度对水流有一定影响，水流形成一连续降落状；根据剖面的形状不同，有曲线形和剖面形两种，见图 7-4。

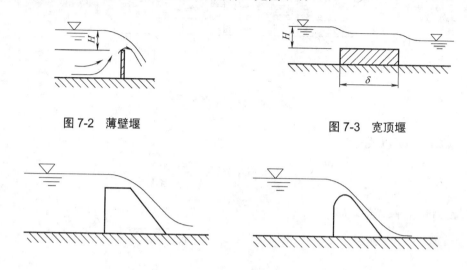

图 7-2　薄壁堰　　　　　　　　　　　图 7-3　宽顶堰

图 7-4　实用堰

当 $\delta>10H$ 时，此时沿程水头损失不能忽略不计，不能用堰流理论来解决，只能用明渠流理论解决。

7.1　堰流的基本公式

【学习目标】 了解堰流公式的推导，熟悉堰流的基本公式，掌握淹没影响和侧收缩影响。

7.1.1　基本公式

以宽顶堰为例(图 7-5)，推导无侧向收缩堰流的基本公式。假定堰顶收缩断面(2-2 断面)水流为渐变流，以堰顶 0-0 断面为基准面，列堰前 1-1 断面和堰顶 2-2 断面能量方程。

$$H+0+\frac{\alpha_0 v_0^2}{2g}=h_{c0}+0+\frac{\alpha_c v_c^2}{2g}+\xi\frac{v_c^2}{2g} \tag{7-1}$$

设作用水头 $H_0=H+\dfrac{\alpha_0 v_0^2}{2g}$；而堰顶收缩断面水深 h_{c0} 与作用水头 H_0 有关，可以设 $h_{c0}=kH_0$，k 为修正系数，与堰口形状和过流断面的变化有关；α_0 为断面平均动能修正系数；ξ 为局部阻力系数。

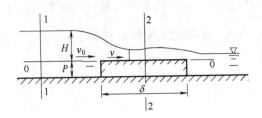

图 7-5　宽顶堰示意图

所以式(7-1)可以改写为

$$H_0 - kH_0 = (\alpha_c + \xi)\frac{v_c^2}{2g} \tag{7-2}$$

则收缩断面平均流速为

$$v_c = \frac{1}{\sqrt{\alpha_c + \xi}}\sqrt{2g(H_0 - kH_0)} \tag{7-3}$$

收缩断面 2-2 过水断面面积 $A_c = h_{c0}b = kH_0b$，其中 k 为修正系数，则收缩断面流量为

$$Q = v_1 A = \frac{kH_0 b}{\sqrt{\alpha_1 + \xi}}\sqrt{2g(H_0 - kH_0)} = \frac{k}{\sqrt{\alpha_1 + \xi}}\sqrt{1-k}\,b\sqrt{2g}H_0^{\frac{3}{2}} \tag{7-4}$$

令流速系数 $\varphi = \dfrac{1}{\sqrt{\alpha_c + \xi}}$；流量系数 $m = \dfrac{k}{\sqrt{\alpha_1 + \xi}}\sqrt{1-k} = k\varphi\sqrt{1-k}$。

则式(7-4)可改写为

$$Q = mb\sqrt{2g}H_0^{\frac{3}{2}} \tag{7-5}$$

式(7-3)及式(7-5)为堰流计算的基本公式。适用与于堰流无侧向收缩及无淹没影响的情况，如果堰流存在侧向收缩或堰下游水位对堰流的出水能力产生影响时，可对式(7-3)及式(7-5)进行修正。

7.1.2　淹没影响

当下游水位高于堰顶，使堰顶水深由小于临界水深变成大于临界水深，从而水流由急流变成缓流，这种水流流动称为淹没溢流。淹没影响具有以下特点：堰下游水位高于堰顶水位；过堰水流由急流变成缓流；堰的过水能力下降。

形成淹没出流的必要条件是下游水深高于堰顶水深，即 $h_s = h - p > 0$；形成淹没溢流的充分条件是下游水深影响到堰顶水流由急流变成缓流，经试验得到淹没出流的充分条件是：

$h_s = h - p' > 0.8H_0$，此时收缩断面的水深增大到 $h > h_k$，整个断面为缓流状态，成为淹没出流。

由于堰顶水流由急流变成缓流，从而降低了堰顶的过水能力，宽顶堰淹没溢流的过水能力可以通过前述列能量方程的方法求出。引入淹没溢流的影响系数，即淹没系数，则宽顶堰淹没溢流的流量计算式为

$$Q = \sigma_s mb\sqrt{2g}H_0^{\frac{3}{2}} \tag{7-6}$$

式中，σ_s 为淹没系数，其大小取决于淹没程度的不同，与 h_s/H_0 成反比，实验得到 σ_s 与 h_s/H_0 的关系见表 7-1，

表 7-1　宽顶堰淹没系数 σ_s

h_s/H_0	0.80	0.81	0.82	0.83	0.84	0.85	0.86	0.87	0.88	0.89
σ_s	1.00	0.995	0.99	0.98	0.97	0.96	0.95	0.93	0.90	0.87
h_s/H_0	0.90	0.91	0.92	0.93	0.94	0.95	0.96	0.97	0.98	
σ_s	0.84	0.82	0.78	0.74	0.70	0.65	0.59	0.50	0.40	

7.1.3　侧收缩影响

如图 7-6 所示，当堰宽小于上游渠道宽$(b < B)$时，则水流流入堰口后，由于过流断面面积变化，水流在惯性的作用下，流线发生弯曲，产生附加的局部阻力，造成过流能力降低。其影响用收缩系数 ε 表示，$\varepsilon = b/B$。

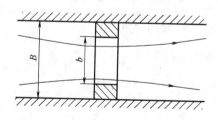

图 7-6　侧收缩影响

则宽顶堰有侧向收缩的流量计算式为

$$Q = \varepsilon mb\sqrt{2g}H_0^{\frac{3}{2}} \tag{7-7}$$

式中，ε 为收缩系数，与堰宽和渠道的比值 b/B、边墩的进口形状及进口断面变化有关。

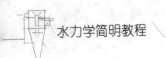

根据实验得到 ε 的经验公式为

$$\varepsilon = 1 - \frac{\alpha}{\sqrt[3]{0.2 + \dfrac{p}{H}}} \cdot \sqrt[4]{\frac{b}{B}}\left(1 - \frac{b}{B}\right) \tag{7-8}$$

式中，α 为墩形系数，对于矩形边缘 $\alpha=0.19$，对于圆形边缘 $\alpha=0.10$。

7.2 薄 壁 堰

【学习目标】了解薄壁堰的分类及薄壁堰流量公式推导，熟悉薄壁堰基本公式。

薄壁堰具有稳定的水头和流量关系，常作为水力学模型实验、野外量测中的一种有效量水工具。有的临时挡水建筑物，如叠梁闸门也可近似作为薄壁堰。

曲线形实用堰的外形一般按薄壁堰水舌下缘曲线设计。因此，研究薄壁堰具有重要的实际意义。按堰口形状不同，薄壁堰分为矩形薄壁堰、三角形薄壁堰和梯形薄壁堰。

1. 矩形薄壁堰

矩形薄壁堰在无侧向收缩的影响时，其流量公式为

$$Q = mb\sqrt{2g}H_0^{\frac{3}{2}} \tag{7-9}$$

式中，H_0 中隐含了流速，Q 中也含有流速，一般计算比较复杂。为计算简便，将式(7-9)改写成

$$Q = m_0 b\sqrt{2g}H^{\frac{3}{2}} \tag{7-10}$$

式中，m_0 为已考虑流速影响的薄壁堰的流量系数，m_0 可以由实验确定。矩形薄壁堰的流量系数 m_0 由 1898 年法国工程师 Basin 提出的经验公式，即

$$m_0 = \left(0.405 + \frac{0.0027}{H}\right)\left[1 + 0.55\left(\frac{H}{H+p}\right)^2\right] \tag{7-11}$$

式中，H 为堰上水头，m；p 为上游堰高，m。

Basin 提出的经验公式适用于 $H=0.25\sim1.25$m，$p=0.24\sim0.72$m，$b=0.2\sim2.0$m 的情况。

2. 三角形薄壁堰

当流量较小时，堰上水头较小，若用矩形薄壁堰，则水头过小，误差大。一般可改用

三角形薄壁堰。堰口夹角可取不同值，但常用直角。

如图 7-7 所示，取微小宽度 db，设 db 处的水深为 h，则微小宽度流量为

$$dQ = m_0 \sqrt{2g} h^{\frac{3}{2}} db \tag{7-12}$$

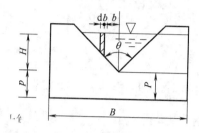

图 7-7　三角形薄壁堰

根据由几何关系：$b = (H-h)\tan\dfrac{\theta}{2}$，$db = -\tan\dfrac{\theta}{2}dh$，并代入(7-12)得

$$dQ = -m_0 \tan\frac{\theta}{2} \sqrt{2g} h^{\frac{3}{2}} dh \tag{7-13}$$

积分得三角形薄壁堰在无侧向收缩的影响时，其流量公式为

$$Q = -2m_0 \tan\frac{\theta}{2} \sqrt{2g} \int_H^0 h^{\frac{3}{2}} dh = \frac{4}{5} m_0 \tan\frac{\theta}{2} \sqrt{2g} H^{\frac{5}{2}} \tag{7-14}$$

当 $\theta = 90°$、$H=0.05\sim0.25$m 时，由实验得 $m_0 = 0.395$，则由式(7-14)得

$$Q = 1.4 H^{\frac{5}{2}} \tag{7-15}$$

当 $\theta = 90°$、$H=0.25\sim0.55$m 时，则经验公式为

$$Q = 1.343 H^{2.47} \tag{7-16}$$

式中，H 为以顶点为起点的堰上水头，m；Q 为流量，m^3/s。

薄壁堰公式适用于薄壁堰水面四周均为大气，必要时设通气管与大气相通；无侧向收缩的影响；堰流为自由出流。

薄壁堰通常用来测量渠道流量。应用方程时应该注意：水面与大气相通并且避免形成淹没出流。

7.3　实　用　堰

【学习目标】熟悉实用堰的基本公式，掌握宽顶堰淹没影响和侧收缩影响。

实用堰是水利工程中常见的挡水和泄水建筑物，低堰常用石料砌成折线形，高的溢流

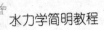

坝一般做成曲线形。实用堰流量计算式见式(7-5)，即

$$Q = mb\sqrt{2g}H_0^{\frac{3}{2}}$$

式中，流量系数 m 与实用堰的具体曲线类型有关，也与堰上水头有关。一般曲线形的实用堰可取 $m_0=0.45$；折线形实用堰可取 $m_0=0.35\sim0.42$。

1. 淹没影响

当堰下游水位超过堰顶标高时，即 $H_s = h - p > 0$ 发生淹没出流。设 σ_s 为与淹没程度有关的淹没系数，则淹没式实用堰的流量公式为

$$Q = \sigma_s mb\sqrt{2g}H_0^3 \tag{7-17}$$

实验得到 σ_s 与 h_s/H_0 的关系，可参考表 7-2 取值。

表 7-2 实用堰淹没系数

h_s/H_0	0.05	0.20	0.30	0.40	0.50	0.60	0.70	0.80	0.90	0.95	0.975	0.995	1.00
σ_s	0.997	0.985	0.972	0.957	0.935	0.906	0.856	0.776	0.621	0.470	0.319	0.100	0

2. 侧收缩影响

当堰宽小于堰上游渠道宽，即 $b < B$，则过堰水流发生侧向收缩，泄流能力减小。用侧面收缩系数 ε 表示，则考虑侧收缩影响的实用堰流量公式为

$$Q = m\varepsilon b\sqrt{2g}H_0^{\frac{3}{2}} \tag{7-18}$$

侧收缩系数的一般取值为 $\varepsilon=0.85\sim0.95$。

本章小结

明渠缓流中，工程上常需要修建为控制水位或流量的障壁等水工建筑物，这些建筑物称为堰，水经过堰顶发生溢流的水力现象称为堰流。

依据堰顶宽度 δ 与堰上水头 H 的比值对堰进行分类：薄壁堰，$\delta/H \leqslant 0.67$；实用堰，$0.67 < \delta/H \leqslant 2.5$；宽顶堰，$2.5 < \delta/H \leqslant 0$。

1. 堰流基本公式

(1) 堰流的基本公式为

$$Q = mb\sqrt{2g}H_0^{\frac{3}{2}}$$

适用于堰流无侧向收缩及无淹没影响的情况。

(2) 淹没影响。

形成淹没出流的必要条件是下游水深高于堰顶水深，即 $h_s = h - p > 0$；形成淹没溢流的充分条件是下游水深影响到堰顶水流由急流变成缓流，经试验得到淹没出流的充分条件是：$h_s = h - p' > 0.8 H_0$。

宽顶堰淹没溢流的流量计算式为

$$Q = \sigma_s mb\sqrt{2g}H_0^{\frac{3}{2}}$$

式中，σ_s 为淹没系数，其大小取决于淹没程度的不同，与 h_s / H_0 成反比。

(3) 侧收缩影响。

宽顶堰有侧向收缩的流量计算式为

$$Q = \varepsilon mb\sqrt{2g}H_0^{\frac{3}{2}}$$

式中，ε 为收缩系数，与堰宽和渠道的比值 b / B、边墩的进口形状及进口断面变化有关。根据实验得到 ε 的经验式为

$$\varepsilon = 1 - \frac{\alpha}{\sqrt[3]{0.2 + \dfrac{p}{H}}} \cdot \sqrt[4]{\frac{b}{B}}\left(1 - \frac{b}{B}\right)$$

2. 薄壁堰

按堰口形状不同，薄壁堰分为矩形薄壁堰、三角形薄壁堰和梯形薄壁堰。

(1) 矩形薄壁堰。

矩形薄壁堰在无侧向收缩的影响时，其流量公式为

$$Q = mb\sqrt{2g}H_0^{\frac{3}{2}}$$

为计算简便，将上式改写成

$$Q = m_0 b\sqrt{2g}H^{\frac{3}{2}}$$

式中，m_0 为已考虑流速影响的薄壁堰的流量系数，m_0 可以由实验确定。

(2) 三角形薄壁堰。

三角形薄壁堰在无侧向收缩的影响时，其流量公式为

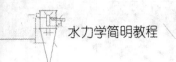

$$Q = -2m_0 \tan\frac{\theta}{2}\sqrt{2g}\int_H^0 h^{\frac{3}{2}}\mathrm{d}h = \frac{4}{5}m_0 \tan\frac{\theta}{2}\sqrt{2g}H^{\frac{5}{2}}$$

当 $\theta = 90°$、H=0.05～0.25m 时，由实验得 $m_0 = 0.395$，则由上式得

$$Q = 1.4H^{\frac{5}{2}}$$

当 $\theta = 90°$、H=0.25～0.55m 时，则经验公式为

$$Q = 1.343H^{2.47}$$

式中，H 为以顶点为起点的堰上水头，m；Q 为流量，m^3/s。

薄壁堰公式适用于：薄壁堰水面四周均为大气，必要时设通气管与大气相通；无侧向收缩的影响；堰流为自由出流。

薄壁堰通常用来测量渠道流量。应用方程时应该注意水面与大气相通并且避免形成淹没出流。

3. 实用堰

实用堰是水利工程中常见的挡水和泄水建筑物，低堰常用石料砌成折线形，高的溢流坝一般做成曲线形。实用堰流量计算式见式(7-5)，即

$$Q = mb\sqrt{2g}H_0^{\frac{3}{2}}$$

式中，流量系数 m 与实用堰的具体曲线类型有关，也与堰上水头有关。一般曲线形的实用堰可取 m_0=0.45；折线形实用堰可取 m_0=0.35～0.42。

(1) 淹没影响。

当堰下游水位超过堰顶标高时，即 $h_s = h - p > 0$ 发生淹没出流。设 σ_s 为与淹没程度有关的淹没系数，则淹没式实用堰的流量公式为

$$Q = \sigma_s mb\sqrt{2g}H_0^3$$

(2) 侧收缩影响。

当堰宽小于堰上游渠道宽，即 $b < B$，则过堰水流发生侧向收缩，泄流能力减小。用侧面收缩系数 ε 表示，则考虑侧收缩影响的实用堰流量公式为

$$Q = m\varepsilon b\sqrt{2g}H_0^{\frac{3}{2}}$$

习题

思考题

7-1 水流经过溢流坝顶、桥洞、无压隧洞进口等处的水流现象均属于堰流，请写出堰流的定义及其水流特点。

7-2 请写出堰流的不同类型及其分类标准。

7-3 堰流基本公式为 $Q = m\varepsilon\sigma_s b\sqrt{2g}H_0^{\frac{3}{2}}$，请写出公式中各项的含义。

7-4 闸孔出流和堰流是密切相关的，当闸门开度不同时，堰上水流分别属于闸孔出流和堰流，请写出两种流动的区分条件。

计算题

7-1 用无侧向收缩的矩形薄壁堰测量流量，当堰上水头 $H=0.65\text{m}$，堰高 $P=1.0\text{m}$，堰宽度 $b=2.9\text{m}$，问需通过流量 Q 多少？

7-2 用直角三角形堰量测流量，当堰顶水头 $H=0.3\text{m}$ 时，通过流量 Q 应为多少？

7-3 某实验室有一条宽 $B=0.6\text{m}$ 的水槽，槽内安装矩形堰量测流量。堰宽 $b=0.6\text{m}$，高 $p=0.23\text{m}$，堰为自由出流，实验测得堰顶水头为 3.25cm。试确定流量 Q。

7-4 一直角进口无侧收缩的宽顶堰，堰宽 $b=4.0\text{m}$，堰高 $p=p_1=0.60\text{m}$，水头 $H=1.20\text{m}$，堰下游水深 $h=0.80\text{m}$，求该堰通过的流量 Q。如下游水深上升到 $h=1.7\text{m}$ 时，此时堰能通过多少流量？

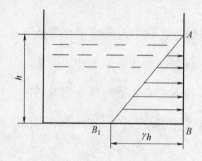

第 8 章

渗 流

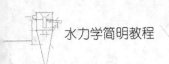

8.1 渗流的基本概念

【学习目标】了解多孔介质的定义,熟悉渗流形态的分类,掌握渗流与渗流模型的概念。

流体在孔隙介质中的流动称为渗流,水在地表下发生在岩土孔隙中的渗流也称为地下水流动。水以气态水、附着水、薄膜水、毛细水和重力水 5 种形态存在于岩土中,但是,前 4 种水对渗流并不产生影响,它们可以认为是土壤中静态形式的水。参与地下水流动的主要是在重力作用下运动的重力水,重力水在地下水中所占比例也最大,因此地下水渗流研究的主要对象是重力水。

渗流现象广泛存在于建筑地基工程、地下工程、环保工程、水利水电工程中,因此必须对渗流规律和特点有所了解和认识。地下水渗流是一种受到多种因素影响的复杂流动现象,其流动规律与岩土介质结构有关,也与水在地下的存在状态有关。

8.1.1 多孔介质

地下水是储存并运动于岩土的空隙中,在地下水渗流中把这样的空隙定义为"多孔介质"。多孔介质是"带有空洞的固体",并有以下特点。

(1) 多相物质所占据的一部分空间。在多相物质中至少有一相不是固体,它们可能是气相和(或)液相。固相称为骨架,在多孔介质范围内没有固体骨架的那一部分空间叫作空隙空间或孔隙空间。

(2) 在多孔介质所占据的范围内,固相应遍及整个多孔介质,在每个表征体中必须存在固体颗粒。多孔介质的一个基本特点是:固体骨架的表面积较大;构成空隙空间的空隙比较狭窄。

(3) 至少构成空隙空间的某些孔洞应当相互连通。

从上述特点或定义可以看出,含有孔隙水的松散沉积物,含有裂隙水的细小的节理、裂隙以及含有岩溶水的一些微小溶洞、溶孔等都可看成多孔介质。

8.1.2　渗流形态分类

由于岩土空隙形状尺度以及连通性各不相同，地下水在不同空隙中的运动状态是各不相同的。地下水在多孔介质中的运动状态根据无量纲的雷诺数(见 8.2.2 小节)区分为层流与紊流。层流是指地下水在运动过程中流线呈规则的层状流动，而紊流是指流线无规则的运动。地下水在绝大多数情况下，实际流动的流态多为层流流态，只有在卵石层的大孔隙、宽大裂隙、溶洞以及抽水井附近且当水力梯度很陡时，才出现紊流的流态。

渗流的运动要素(如水头、渗透速度、水力梯度、渗透流量等)总是随着时间和空间发生变化。运动要素的这些变化使渗流总是表现出各种各样的形态。按运动要素是否随时间发生变化，渗流可分为稳定流和非稳定流。要描述稳定流动，只需了解运动要素在空间的分布即可，而对于非稳定流动，则需了解运动要素在时间和空间上的变化。

根据流动方向不同，渗流可分为一维流(单向流)、二维流(平面流)和三维流(空间流)。单向流是指渗流只沿一个方向运动，如等厚的承压含水层中的地下水运动。平面流是指平行于一个垂直平面或水平平面运动。空间流是指渗流方向不与任意直线或平面平行，这是渗流中最复杂的形式。无论是哪一种运动形式，都有可能是稳定流和非稳定流。

8.1.3　渗流模型

流体在多孔介质中流动，其流动路径相当复杂，如图 8-1(a)所示。无论是理论分析还是实验手段都很难确定在某一具体位置的真实运动速度，从工程应用的角度来说也没有这样的必要。对于解决实际工程问题，最重要的是要知道在某一范围内渗流的平均效果，因此提出了渗流模型的概念。渗流模型是指边界形状与边界条件保持不变的情况下，假设多孔介质都被渗透水流所占有，用一种充满多孔介质的假想水流代替仅仅在多孔介质中的空隙存在的真实水流，如图 8-1(b)所示。其实质在于把实际上并不充满全部空间的流体运动看作是连续空间内的连续介质运动。这样可以把流体力学中的一些概念与方法应用到地下水运动中来，如均匀流与非均匀流、恒定流与非恒定流等概念可以适用于渗流。而用模型渗流取代真实的渗流必须满足以下条件：

(1)　对于同一过水断面，模型的渗流量等于真实渗流量。

(2) 作用于模型的某一作用面的渗流压力等于真实的渗流压力。

(3) 模型中两端的水头损失与真实渗流中两端的水头损失相等。

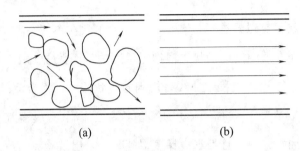

图 8-1　实际渗流与渗流模型示意图

8.2　渗流基本规律——达西定律

【学习目标】掌握达西定律的内容及适用范围，理解渗透系数的确定方法。

8.2.1　达西定律

1856 年，法国工程师达西(H. Darcy)经过大量实验，总结出了渗流的基本规律，称为达西定律。

达西实验的装置如图 8-2 所示。其设备为上端开口的直立圆筒，在圆筒侧壁相距为 l 处分别装有两支测压管，在筒底以上一定距离处装有滤板，其上装入颗粒均匀的砂土。水由上端注入圆筒，并以溢流管使筒内维持一恒定水头。通过砂土的渗流水体从排水管流入容器中，并可由此测算渗流量 Q。上述装置中通过砂土的渗流是恒定流，测压管中水面保持恒定不变。

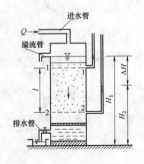

图 8-2　达西渗流试验装置

如果圆筒横断面积为 A，则断面平均渗流流速为

$$v = \frac{Q}{A} \qquad (8\text{-}1)$$

由于渗流流速 v 极微小，可以不计流速水头，因此，渗流中的总水头可用测压管水头来表示，水头损失 h_{w} 可以用测压管水头差来表示，即

$$h_{\mathrm{w}} = \Delta H = H_1 - H_2 \qquad (8\text{-}2)$$

水力坡度为

$$J = \frac{h_{\mathrm{w}}}{l} = \frac{H_1 - H_2}{l} \qquad (8\text{-}3)$$

达西分析大量试验资料发现，渗流流量 Q 与过水断面面积 A 以及水力坡度 J 成正比，即

$$Q = kJA \qquad (8\text{-}4)$$

式中，k 为反映土的透水性质的比例系数，称为渗透系数。式(8-4)也可以写为

$$v = kJ \qquad (8\text{-}5)$$

式(8-5)即为达西公式。它表明均质孔隙介质中渗流流速与水力坡度的一次方成比例，并与土的性质有关，即达西定律。

达西实验中的渗流为均匀渗流，任意点的渗流流速 u 等于断面平均渗流流速，故达西定律也可表示为

$$u = kJ \qquad (8\text{-}6)$$

达西定律是从均质砂土的恒定均匀渗流实验中总结出来的，后来的大量实践和研究表明，达西定律可以近似推广到非均匀渗流和非恒定渗流中去。此时，达西定律表达式只能采用针对一点的式(8-6)，并应采用以下的微分形式(非恒定渗流时需采用偏微分)，即

$$J = -\frac{\mathrm{d}H}{\mathrm{d}s} \qquad (8\text{-}7)$$

$$u = \frac{\mathrm{d}Q}{\mathrm{d}A} = kJ = -k\frac{\mathrm{d}H}{\mathrm{d}s} \qquad (8\text{-}8)$$

8.2.2　达西定律的适用范围

达西定律表明，渗流的水头损失与流速的一次方成正比，即水头损失与流速呈线性关系，这是流体做层流运动所遵循的规律。大量研究表明，达西定律只能适应于层流渗流，

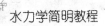

而不能适用于紊流运动。

渗流场内的流动状态，采用临界雷诺数来判定较为合理。巴甫洛夫斯基定义了以下渗流雷诺数，即

$$Re = \frac{1}{0.75n + 0.23} \cdot \frac{ud}{\nu} \tag{8-9}$$

式中，n 为孔隙率；u 为渗流流速；ν 为运动黏滞系数；d 为土的有效粒径，一般以 d_{10} 来代表。

临界雷诺数一般取 $Re_k = 7 \sim 9$。当 $Re < Re_k$ 时渗流为层流。

对于非层流渗流，可以采用以下经验公式来表达其流动规律，即

$$u = kJ^{\frac{1}{m}} \tag{8-10}$$

式中，m 为大于 1 的指数，与土的结构和粒径大小有关。当 $m = 2$ 时，式(8-10)代表完全紊流渗流；当 $1 < m < 2$ 时，代表层流到紊流的过渡。

以上所讨论的渗流规律，都是以土颗粒不因渗流作用而发生变形(运动或破坏)为前提的。但是，在渗流作用严重的情况下，土体颗粒可能会因渗流作用而发生运动，或土体结构因渗流而失去稳定性，这时渗流水头损失将服从另外的定律。

8.2.3　渗透系数及其确定方法

利用达西定律进行渗流计算时，首先需要知道土的渗透系数。渗透系数 k 的物理意义可理解为单位水力坡度下的渗流流速，常用 cm/s 表示。它综合反映了岩土和流体两方面对渗流特性的影响。渗透系数的大小一方面取决于孔隙介质的特性，同时也和流体的物理性质如黏滞系数等有关。因此 k 值将随孔隙介质、流体及温度而变化。

确定渗透系数的方法大致有以下 3 类。

1. 经验法

当进行渗流初步估算，同时缺乏可靠的实际资料时，可以参照有关规范及某些经验公式或数表来选定 k 值。表 8-1 列出了各类岩土的渗透系数，可供粗略计算时参考。

2. 实验室测定法

室内实验测定渗透系数通常采用图 8-1 所示达西实验装置，测得水头损失与流量后，即

可按式(8-11)求得渗透系数，即

$$k = \frac{Ql}{Ah_{w}} \qquad (8-11)$$

值得指出的是，实验室测定法从实际出发，比经验法可靠，但设备比较简易，土样在采集、运输等过程中难免扰动，土样的数量有限，仍难以反映真实情况。

3. 现场测定法

现场测定法一般是现场钻井或挖试坑，采用抽水或压水的方式，测定其流量及水头等数值，再根据相应的理论公式反算出渗透系数值。现场测定法是较可靠的方法，可以取得大面积的平均渗透系数，但需要的设备和人力较多，通常在大型工程中采用。

表 8-1　岩土的渗透系数参考值

土　名	渗透系数 k	
	m/d	cm/s
黏土	<0.005	$<6 \times 10^{-6}$
亚黏土	0.005～0.1	$6 \times 10^{-6} \sim 1 \times 10^{-4}$
轻亚黏土	0.1～0.5	$1 \times 10^{-4} \sim 6 \times 10^{-4}$
黄土	0.25～0.5	$3 \times 10^{-4} \sim 6 \times 10^{-4}$
粉砂	0.5～1.0	$6 \times 10^{-4} \sim 1 \times 10^{-3}$
细砂	1.0～5.0	$1 \times 10^{-3} \sim 6 \times 10^{-3}$
中砂	5.0～20.0	$6 \times 10^{-3} \sim 2 \times 10^{-2}$
均质中砂	35～50	$4 \times 10^{-2} \sim 6 \times 10^{-2}$
粗砂	20～50	$2 \times 10^{-2} \sim 6 \times 10^{-2}$
均质粗砂	60～75	$7 \times 10^{-2} \sim 8 \times 10^{-2}$
圆砾	50～100	$6 \times 10^{-2} \sim 1 \times 10^{-1}$
卵石	100～500	$1 \times 10^{-1} \sim 6 \times 10^{-1}$
无填充物卵石	500～1000	$6 \times 10^{-1} \sim 1 \times 10$
稍有裂隙岩石	20～60	$2 \times 10^{-2} \sim 7 \times 10^{-2}$
裂隙多的岩石	>60	$>7 \times 10^{-2}$

8.3　地下水的渐变渗流

【学习目标】了解均匀渗流、渐变渗流的定义，掌握裘皮幼公式，理解其与达西公式的区别。

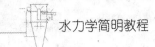

工程中渗流含水层以下的不透水地基表面一般假定为一倾斜平面，并以 i 表示其坡度，称为底坡，底坡值为倾斜面与水平面夹角的正弦值。不透水层地基上的无压渗流与地面明渠流有相似之处，渗流含水层的上表面称为浸润面，其上各点处压强相等，这一压强值可认为等于大气压，这是无压渗流概念的来源。如果渗流流域广阔，过水断面(近似取为铅垂面)成为宽阔的矩形，这种渗流是二维的。顺流所作铅垂面与浸润面的交线称为浸润线，如图 8-3 所示。

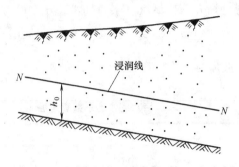

图 8-3 渗流浸润线

无压渗流可以分为均匀流与非均匀流，非均匀流又可以分成渐变渗流与急变渗流。均匀渗流指渗流水深、流速、过水断面面积形状与大小顺流不变的渗流。本节只介绍比较简单的渗流的一些特征。

8.3.1 无压均匀渗流

在均匀渗流中，地下水从上游断面流动到下游断面时，单位重量的水的位能沿程下降，其值等于水力损失，因此，均匀渗流的水力坡度 j 必然等于底坡 i。在渗流方向上应用达西定理，可以计算各断面的平均流速，即

$$v = kJ = ki \tag{8-12}$$

渗流流量 Q 为

$$Q = vA_0 = kiA_0 \tag{8-13}$$

式中，A_0 为地下渗流过水断面面积。

8.3.2 裘皮幼公式

图 8-3 所示为一渐变渗流。由于水深沿程变化，渗流的浸润线不再与不透水层上表面相平行。取两个距离为 ds 的过水断面，和明渠渐变流一样，两断面之间流线基本平行，长度基本相等，流线大体为直线，且沿同一流线水力损失相等。现水力坡度中两要素，即流程长度和沿程水力损失，在不同流线上基本相等，因而水力坡度 J 基本为常数。达西定律显然也适合同一流线，因而同一断面上各点速度 u 也相等，这种条件下，各点 u 值显然等于由达西公式决定的断面速度平均值，即

$$u = v = kJ \tag{8-14}$$

式(8-14)即为裘皮幼公式。

式(8-14)和式(8-5)形式上相同，但它们是有区别的。达西公式适用均匀流，裘皮幼公式则用于渐变渗流。达西公式决定的速度 v 指断面平均流速，裘皮幼公式决定的流速 u 既指断面平均速度，也指断面各点速度。与均匀流情况不同，在渐变渗流中，虽然在同一断面上水力坡度为常量，但不同断面的水力坡度是不一样的，即各断面上的流速大小及断面平均流速 v 是沿程变化的。渐变流的两个距离较大的过水断面上速度分布剖面均为矩形，但由于水深不等，为通过同一流量，水深较小的断面上速度比较大，矩形较宽，如图 8-4 所示。

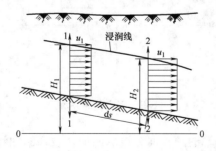

图 8-4 渐变渗流

8.4 井 的 渗 流

【学习目标】 了解井的类型及特点，理解完全普通井渗流的求解过程，掌握完全普通井渗流计算公式。

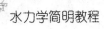

井是一种汲取地下水或排水用的构筑物。根据水文地质条件，井可分为普通井(无压井)和承压井(自流井)两种基本类型。普通井也称为潜水井，指在地表含水层中汲取无压地下水的井。如井底直达不透水层称为完全井或完整井。如井底未达到不透水层则称为非完全井或非完整井。承压井指穿过一层或多层不透水层，而在有压的含水层中汲取有压地下水的井，它也可视井底是否直达不透水层而分为完全井和不完全井。本节以完全普通井为例，阐述渗流理论在求解工程实际问题上的应用。

水平不透水层上的完全普通井如图 8-5 所示，其含水层深度为 H，井的半径为 r_0。当不取水时，井内水面与原地下水的水位齐平。若从井内取水，则井中水位下降，四周地下水向井渗流，形成对于井中心垂直轴线对称的漏斗形浸润面。当含水层范围很大，从井中取水的流量不太大并保持恒定时，则井中水位 h 与浸润面位置均保持不变，井周围地下水的渗流成为恒定渗流。这时流向水井的渗流过水断面，成为一系列同心圆柱面，通过井轴中心线沿径向的任意剖面上，流动情况均相同。于是对于井周围的渗流，可以按恒定一元渐变渗流处理。

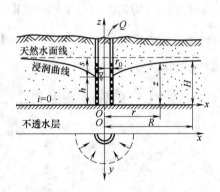

图 8-5　完全普通井渗流

取半径为 r，并与井同轴的圆柱面为过水断面，设该断面浸润线高度为 z (以不透水层表面为基准面)，则过水断面面积为 $A = 2\pi rz$，断面上各处的水力坡度为 $J = \dfrac{\mathrm{d}z}{\mathrm{d}r}$。根据裘皮幼公式，该渗流断面平均流速为

$$v = k\frac{\mathrm{d}z}{\mathrm{d}r} \tag{8-15}$$

通过断面的渗流量为

$$Q = Av = 2\pi rzk\frac{\mathrm{d}z}{\mathrm{d}r} \tag{8-16}$$

即

$$2z\mathrm{d}z = \frac{Q}{\pi k}\frac{\mathrm{d}r}{r} \tag{8-17}$$

经过所有同轴圆柱面的渗流量都等于井的出水流量，从 $(r,\ z)$ 积分到井壁 $(r_0,\ h)$，有

$$2\int_h^z z\mathrm{d}z = \frac{Q}{\pi k}\int_{r_0}^r \frac{\mathrm{d}r}{r} \tag{8-18}$$

得

$$z^2 - h^2 = \frac{Q}{\pi k}\ln\frac{r}{r_0} = \frac{0.732Q}{k}\lg\frac{r}{r_0} \tag{8-19}$$

由式(8-19)可以绘制沿井的径向剖面的浸润线。

浸润线在离井较远的地方逐步接近原有的地下水位。为计算井的出水量，引入井的影响半径 R 的概念：在浸润漏斗面上有半径 $r=R$ 的圆柱面，在 R 范围以外的区域，地下水面不受井中抽水影响，$z=H$，R 即称为井的影响半径。因此，完全普通井的产水量为

$$Q = 1.366\frac{k(H^2 - h^2)}{\lg\dfrac{R}{r_0}} \tag{8-20}$$

式(8-20)中，井中水深 h 不易测量，当抽水时地下水水面的最大降落 $S=H-h$ 成为水位降深。可改写式(8-20)为

$$Q = 2.732\frac{kHS}{\lg\dfrac{R}{r_0}}\left(1 - \frac{S}{2H}\right) \tag{8-21}$$

当含水层很深时，$S/2H \ll 1$，式(8-21)可简化为

$$Q = 2.732\frac{kHS}{\lg\dfrac{R}{r_0}} \tag{8-22}$$

影响半径 R 最好使用抽水试验测定。在初步计算中，可采用下列经验值估算：细粒土 $R=100\sim200\mathrm{m}$；中粒土 $R=250\sim700\mathrm{m}$；粗粒土 $R=700\sim1000\mathrm{m}$。也可采用以下经验公式估算，即

$$R = 3000S\sqrt{k} \tag{8-23}$$

如果在井的附近有河流、湖泊、水库时，影响半径应采用由井至这些水体边缘的距离。对于极为重要的精确计算，最好用野外实测方法来确定影响半径。

除了抽水井外，工程中还存在将水注入地下的注水井(渗水井)，主要应用于测定渗透系

数和人工补给地下水以防止抽取地下水过多所引起的地面沉降。注水井与出水井的工作条件相反($h > H$)，浸润面成倒转漏斗形。对位于水平不透水层的完整普通井，其注水量公式与式(8-20)基本相同，只是将该式中的 $H^2 - h^2$ 换为 $h^2 - H^2$ 即可。

本章小结

流体在孔隙介质中的流动称为渗流，水在地表下发生在岩土孔隙中的渗流也称为地下水流动。地下水渗流研究的主要对象是重力水。渗流中，流体在多孔介质中的流动路径相当复杂，通常将其简化为渗流模型进行研究。

地下水在多孔介质中的运动状态，根据流线的规则与否，依据雷诺数可区分为层流与紊流。地下水在绝大多数情况下为层流流态。按运动要素是否随时间发生变化，渗流可分为稳定流和非稳定流。根据流动方向不同，渗流可分为一维流(单向流)、二维流(平面流)和三维流(空间流)。

渗流运动的基本规律——达西定律表明：均质孔隙介质中渗流流速与水力坡度的一次方成比例并与土的性质有关。达西定律的适用范围为层流渗流。确定渗透系数的方法有经验法、实验室测定法、现场测定法。

地下水无压渗流可以分为均匀流与非均匀流，非均匀流又可以分成渐变渗流与急变渗流。均匀渗流指渗流水深、流速、过水断面面积形状与大小顺流不变的渗流。渐变渗流水深沿程变化，浸润线与不透水层上表面不平行，流线大体为直线，其运动规律可用裘皮幼公式表达。

井的渗流问题可以通过渗流基本规律求解。完全普通井周围的渗流，可以按恒定一元渐变渗流处理，通过推导可求得井径向剖面的浸润线方程。

习题

8-1 什么叫渗流，其形态有哪些分类？

8-2 渗流模型的建立基于哪些假定？

8-3 达西实验装置中，已知圆筒直径 $D = 45\text{cm}$，两断面间距离 $l = 80\text{cm}$，两断面间水

头损失 h_w = 68cm，渗流量 Q=56cm^3/s，求渗流系数 k。

8-4　什么叫均匀渗流？均匀渗流中水力坡度与不透水基底底坡有什么关系？

8-5　达西渗流定律和裘皮幼公式有哪些不同？

8-6　什么叫完全普通井？

8-7　为实测某区域内土壤的渗流系数 k 值，现打一完全普通井进行抽水实验，井的半径 r_0=0.2m，如图 8-6 所示。在井的影响半径之内开一钻孔，距井中心 r=80m，抽水稳定后抽水量 $q = 2.5 \times 10^{-3} \mathrm{m}^3/\mathrm{s}$，这时井水深 h_0=2.0m，钻孔水深 h=2.8m，求土壤的渗流系数 k。

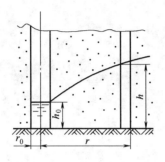

图 8-6　题 8-7 图

参 考 文 献

[1] 柯葵等. 水力学[M]. 上海：同济大学出版社，2000.

[2] 吕文舫等. 水力学[M]. 上海：同济大学出版社，1990.

[3] 刘鹤年. 水力学[M]. 武汉：武汉大学出版社，2001.

[4] 于布. 水力学[M]. 广州：华南理工大学出版社，2001.

[5] 赵振兴等. 水力学[M]. 第3版. 北京：清华大学出版社，2009.

[6] 杨斌等. 桥涵水力水文[M]. 成都：西南交通大学出版社，2004.

[7] 叶振国等. 水力学与桥涵水文[M]. 北京：人民交通出版社，1998.

[8] 吴持恭等. 水力学[M]. 北京：高等教育出版社，2008.

[9] 李家星等. 水力学. [M] 南京：河海大学出版社，2001.

[10] 李炜等. 水力学[M]. 武汉：武汉水力电力大学出版社，2000.

[11] 高海鹰. 水力学[M]. 南京：东南大学出版社，2011.